序

泱泱中华，有着五千多年文明史，从古至今，就以“烹饪王国”之美誉著称于世。中国烹饪在人类历史和现实生活中占有重要的地位，现已走向五大洲、三大洋，成为世界烹饪家园中一个重要的角色。中国烹饪这颗明珠在世界浩瀚的文化宝库中璀璨耀人，光惠众生，普照千秋。

很荣幸也很高兴阅读了《中国烹调技法》之佳作，感慨良多，受益匪浅，并受邀为本书作“序”深感荣幸，如有不足之处，诚望读者海涵！

中国烹饪历史悠久，技艺精湛，经过数千年的发展，当今的中国菜肴不仅是精美食品，在一定意义上也是一种特殊的艺术品。中国烹调是一门科学、一种艺术，是中华民族宝贵文化遗产中一项重要的组成部分。

中华民族几千年在烹调与饮食生活中，经过反复实践总结出来烹调工艺和技术要求，本书又进一步全面、细致、精准、科学地提升了中国烹调菜肴的技艺，从制定菜名到选料，再到烹调技法的确定，以至刀工、配菜、上浆挂糊、滑油、调味、火候、勾芡、成菜直到装盘堪称完美。

《中国烹调技法》充实和彰显了中国菜选料讲究、烹调技法多样、菜肴品种丰富、口味丰富多彩、精于运用火候、讲究盛装器皿的特点。此书是教科书之典范，是烹调走向机器人操作和标准化实施的灯塔。

烹饪不但是一门综合艺术，是人类生存发展的物质源泉。烹饪也是一种大文化，因为烹饪饮食和地理、历史、物产、种族、习俗以及社会科学、自然科学等各个方面都有关联。《中国烹调技法》就是通过烹饪着手来研究人类社会经济与文明，以及专业技能与发展。

《中国烹调技法》书籍充分体现了中国烹饪的博大精深，彰显了作者对中国烹调技术掌握之炉火纯青和对弘扬中国烹饪事业的虔诚与敬业。书中言之有物，图文并茂，理论联系实际，对从事餐饮业同行们有着一定的借鉴和指导意义。

《中国烹调技法》的作者周忠亭、钱峰、张涛三位老师，他们从一名心怀匠心魂的厨师经过多年的淬炼铸就成为匠人，本书也是他们与中成伟业多位老师用匠心心血和汗水浇铸而成的。真可谓“历览《中国烹调技法》书之出版，人间万事出艰辛”。

值此，我对中国餐饮烹饪行业爱岗敬业的企业家，还有在一线工作的大师、名师与精英的献身敬业精神产生敬意，愿隆重地将《中国烹调技法》这本书推荐给大家，希望大家喜欢它，同时共分享。

中国饭店协会资深会长：韩　明

元老级国家注册中国烹饪大师：赵嘉祥

天津烹饪协会首席专家/南开大学副教授：张景双

扬州大学教授、中国烹任协会副会长：周晓燕

二〇二三年十一月

编辑委员会

Editorial board

前 言

中国饮食文化源远流长、博大精深，依附着中国传统文化的发展，随着时间逐渐演变形成了中国独有的文化形式。中国饮食文化几千年的传承，造就了自己独特的烹饪技术。

中国饮食文化是一种广视野、深层次、多角度、高品位的悠久区域文化；是中华各族人民在几千年的生产和生活实践中，在食源开发、食具研制、食品调理、营养保健和饮食审美等方面创造、积累并影响周边国家和世界的物质财富及精神财富。

为了让中华饮食文化广为传播及传承，我们特结合我们自身经验及研究成果，对中国的烹调技法进行了分析总结，同时涵盖了菜品烹调的概念讲述、工艺流程、操作要求等，并附有菜品鉴赏、菜品姿造、原理讲解、发展演变等内容，为中国餐饮人对于烹调技法的培训提供教科书，打造菜品烹调技法的标准化。

《中国烹调技法（中餐篇）》主要是从加热工艺、调味工艺、辅助工艺三个方面对中餐烹调进行了深度解析。《中国烹调技法（热菜篇）》全面细致的介绍了各种热菜烹调技法与相关菜品的特点及制作工艺、流程。《中国烹调技法（冷菜篇）》从冷菜的概念和要求、冷菜的制作、冷菜装盘技艺等三个方面进行分析讲解。

我们通过历年来的工作研究和实践经验，编著了《中国烹调技法》这套书籍，希望带给餐饮同行朋友们一些借鉴和参考，让中国的烹调技术形成标准规范，永久流传。

同时感谢中国饭店协会资深会长韩明会长、元老级国家注册中国烹饪大师赵嘉祥先生、扬州大学教授/中国烹饪协会副会长周晓燕先生、天津烹饪协会首席专家/南开大学副教授张景双先生、元老级国家注册中国烹饪大师王献立先生、中国饭店协会名厨委主席石万荣先生、江苏餐饮行业协会会长于学荣先生、新东方烹饪学校徐伟校长，还有此书编写过程中提供建议和帮助的大师名师以及精英们的关心与支持，对他们致以诚挚的谢意和崇高的敬意。

目录 | CONTENTS

项目1
ITEM ONE
冷菜概述

Cold dish
Summary

任务一 冷菜的概念和要求

Characteristic

TASK 1

冷菜是筵席中必不可少的一大类菜肴，与热菜之间，具有明显的区别：冷菜一般是先烹调，后刀工；而热菜则是先刀工，后烹调。冷菜是以丝、条、片、块为基本单位来组成菜肴的形状，并有单盘、拼盘以及工艺性较高的花鸟图案冷拼之分；而热菜一般是利用原料的自然形态或原料的刀工处理、加工等手段来构成菜肴的形状。冷菜强调“入味”，或是附加食用调味品，讲究香料入味，有些品种不须加热就能成为菜品；热菜必须通过加热才能使原料成为菜品，是利用原料加热以散发热气使人嗅到香味。

冷菜的风味、质感与热菜有明显的区别。总体来说，冷菜以香气浓郁、清凉爽口、少汤少汁（或无汁）、鲜醇不腻为主要特色。具体又可分为两大类型，一类是以鲜香、脆嫩、爽口为特点；另一类是以醇香、酥烂、味厚为特点。前一类的制法以腌、拌、炝等技法为代表；后一类则由卤、酱、烧等为代表，具有不同的内容和风格。

一、基本概念

冷菜，又称凉菜、冷荤，是将烹饪原料经过加工后首先烹制成熟或腌渍入味，再切配装盘，为凉吃而制作的一类菜肴。冷菜是菜品的组成部分之一，同热菜同等重要，是各类宴席必不可少的。近几年来，随着经济的发展，冷菜、冷拼的制作技艺和拼摆手法得到迅猛发展，原料的使用范围进一步扩大，取材也更广泛。其运用范围也更广，拼摆形式也从以前的平面向半立体发展。

二、冷菜的特点

1.滋味稳定，容易存放

冷菜冷食，大多不受温度所限，放置久了对滋味和口感影响不大，这就适应酒席上宾主边吃边饮，相互交谈，所以也是理想的饮酒佳肴。可以提前制作，随时可用，特别是在大批量需要的时候，方便应用。

2.筵席首菜，突出主题

冷菜是筵席的脸面，特别是一些花色拼盘，能突出筵席的主题，如喜宴、寿宴等，冷菜要采用喜庆、愉悦的色彩。象征性的装盘手法和造型，来突出筵席的主题，制造一种喜庆的氛围。

▲ 禅意素烧鹅

3.造型美观，色彩鲜艳

冷菜常以第一道菜入席，讲究装盘工艺，优美的造型和丰富的色彩，对整桌菜肴的质量评价有着一定的影响。特别是一些图案装饰冷拼，令人心旷神怡，兴趣盎然，诱人食欲，活跃宴会气氛，为筵席锦上添花。

4.选料广泛，自成一格

冷菜是筵席不可缺少的，选料上有荤有素，口味酸甜咸辣，变化多端，还可独立成席，如冷餐宴会、鸡尾酒会等，主要由凉菜组成，格局一菜一品，使用原料多样、调味变化多端、形状千变万化、色彩搭配合理，自成一格。

5.大量制作，便于备货

由于冷菜不像热菜那样随炒随吃，可以长时间存放，因此可以提前大量备货，便于大量制作。特别是举行大型宴会、冷餐酒会或自助餐，由于准备充分，能缓和烹饪方面的紧张。

6.便于携带，食用方便

冷菜一般都具有无汁无腻、方便包装、食用方便等特点，所以它便于携带；在密封的情况下，也可久存，作为馈赠亲友的礼品。在旅途中食用，不需加热，也不需要一定的用具。

7.便于陈列，方便需要

由于冷菜没有热气，可以较长时间搁放，许多酒店把它作为陈列的理想菜品，这既能反映企业的经营面貌，又能展示厨师的技术水平，便于饭店开展业务，显示菜肴质量。

三、冷菜的作用

冷菜在筵席程序中是最先与就餐者见面的头菜，它以艳丽的色彩、精湛的刀工、逼真的造型呈现在人们面前，让人赏心悦目，诱人食欲，使就餐者在饱尝口福之余，还能得到美的享受。

1.突出主题

冷菜在筵席中应用，首先要突出筵席的主题，特别是选用冷菜制作的花色拼盘，冷菜制作者在制作前，要及时了解筵席的主题、目的，以便构思和设计冷菜的图案，使设计构思的图案符合筵席的主题，不能随意制作，否则会事倍功半，达不到突出筵席主题的目的。如喜宴，设计者可设计龙凤呈祥、鸳鸯戏水等吉祥如意的图案，以表达喜庆吉祥、恩爱美好的寓意；寿宴，设计者可设计松鹤延年、寿桃、山水寿石等图案，以表达身体健康、延年益寿之意；庆功宴，设计者可设计锦上添花、前程似锦等图案，以表达功名成就、更进一步之意；团聚宴，设计者可设计幸福满堂、喜鹊相会等图案，以表达相逢喜悦、相聚团圆之意；迎

▲ 招牌垛子羊肉

宾宴，设计者可设计孔雀开屏、迎宾花篮等图案，以表达热情欢迎、友谊长存之意。

2.烘托就餐氛围

由于冷菜色彩鲜艳、刀工精细、造型美观，会给就餐者艺术的享受，就餐者会把烹饪与艺术有机联想，使客人赏心悦目、轻松愉悦地就餐，融汇在艺术与美食的享受之中，再加上突出的主题，会使人浮想联翩，随着一道道美食的品鉴，更加深筵席的意义，达到了烘托氛围的目的。

3.提升筵席档次

冷菜造型在筵席中，能突出筵席的档次。一般来说，筵席的档次越高，冷菜制作的难度越大，制作越精细，造型更加美观，原料也是选用一些上等食材，以显示主人的重视，会给客人带来一种心理满足，既突出了主题，又显示了主人的热情大度，给客人留下深刻印象。

4.展现制作者的高超技艺

由于冷菜制作精细、原料搭配合理、口味变化多端、色彩绚丽，这就要求制作者要有一定的艺术细胞和精湛的烹饪技艺，才能达到刀工精细、拼摆手法娴熟、图案造型栩栩如生、自然美观，不仅给客人带来艺术享受，更显示了制作者精湛的烹饪技艺。

四、冷菜、冷拼制作的基本原则

1.食用与观赏相结合的原则

食用与观赏，是冷菜最重要的因素，食用价值是冷菜制作的前提，要以食用为主，观赏为辅，观赏是对冷菜所表现的艺术形式的一种肯定，其表现形式是烹饪技术与艺术的有机结合。因此，食用与观赏相结合，是冷菜的主要体现所在，二者不可分割，单纯追求食用性，谈不上艺术，单纯追求观赏性，忽视食用性，则失去了冷菜的内涵要求。

2.营养与卫生相结合的原则

冷菜的目的，是追求美食享受，但食用最终的目的，是获取营养成分，维持体内生理需要，注重营养搭配的同时，还要注意食物原料的卫生，要保证食物原料在不受污染和不变质的情况下去使用和食用，这是人们食用食物最基本的要求。因此，冷菜营养与卫生的结合，是人们食用的前提条件。

3.造型与盛器相结合的原则

冷菜的造型是冷菜的表现形式，造型的好坏、大小的布置、比例的协调与盛器的大小、色彩、形状有密切关系，很多冷菜、冷拼都是依据盛器的大小、色彩、形状来设计图案，这样设计的造型，与盛器相辅相成，从而衬托出冷菜、

▲ 冷菜烹调

冷拼的造型更加美观、协调，突出冷菜的艺术性。

4.刀工与造型相结合的原则

冷菜的造型图案是否美观，在技术上主要是凸显刀工的精细。精细的刀工就是根据不同原料采取不同的刀法，根据图案的形态，对原料形状、粗细、长短、厚薄等进行精细加工，做到整齐一致，既有利于艺术的表达，又有利于食用，精细的刀工对造型起着至关重要的作用。

5.原料与口味相结合的原则

冷菜的原料主要是体现经过加工烹调处理后的食用性，因此，在原料加工制作过程中，要根据原料的性质特点，有目的、针对性地对原料进行调味，使冷菜在食用的过程中，既得到艺术享受，又满足口福的需要，使身心都达到愉悦的境地。

6.色彩与造型相结合的原则

冷菜的造型除体现在精细的刀工、优美的图案外，色彩是图案更直觉的一种效果，色彩搭配的合理与否，对冷菜、冷拼的效果至关重要。往往在冷菜、冷拼制作中，会出现冷暖色的不协调、色彩差异不大、色彩不鲜艳等情况。因此，在冷菜的制作中，要学会色彩的使用原则，使色彩搭配合理，从而增加造型的美观、鲜艳。

7.传统与创新相结合的原则

冷菜的制作，全国各地都很常见，许多造型雷同或相似，特别是一些大赛获奖作品，都被作为样本去临摹；一些传统的工艺造型更是被作为教学模板去使用，现代的一些大赛，出现了一些创新的品种，让人耳目一新。因此，创新与传统的造型相结合，会使冷菜更加生动。

五、冷菜、冷拼制作的基本要求

1.便于食用，但要防止“串味”

冷菜作为一种有艺术形式表现的食物，要符合食用的目的，由于冷菜使用较多的原料食物，且在拼摆的过程中，原料互相叠砌，且不同的食物有着不同的口味，在这种情况下，极易使原料相互串味。因此，在原料制作过程中，尽可能少用一些带汤汁的食物原料；在拼摆过程中，尽可能使原料单独分开切配，减少原料串味的机会，从而保持一菜一味的格局。

2.色彩协调、造型美观

冷菜制作中，首先要构思好图案造型，设计好色彩的搭配协调，不能随意取些原料，随意拼摆，不能使色彩顺色、杂色，要根据图案要求，色彩搭配合理，图案美观，造型协调一致，比例恰当，给人以形象逼真的感觉。因此，制作者要有一定的艺术素养，懂得色彩的搭配，从而使图案更加美观。

3.拼摆刀法多样

冷菜美观，除体现在色彩上，更重要的是体现在刀工上，因此，在拼摆的过程中，要注意刀法的结合。烹饪中的刀法种类很多，要根据不同要求，合理使用各种刀法，尽可能使用多种刀法，使原料的形态多样，从而保证冷菜、冷拼的图案更加优美精致，达到预期的效果。

4.硬面与软面要有机结合

冷菜的硬面，就是用经刀工处理后具有一定特殊形状的原料，用排、摆、贴等手法制成整齐、具有节奏感的表面，覆盖在垫底的原料上；冷菜的软面，是指用不能用于排列或不需要排列的、比较细小的原料堆砌的不规则的造型表面。硬面和软面是两种表面形状不同的原料，在制作过程中，要衔接得当。

5.选择好器皿

冷菜的制作，器皿的选择很重要，器皿的色彩、大小、形状要与冷菜、冷拼的图案造型有机结合，俗话说“美食不如美器”，特别是一些特殊造型的器皿，会给冷菜增色不少，亮丽的色彩，也会给图案带来意想不到的艺术效果，器皿的大小与冷菜的品种、数量、图案的大小要协调。因此，冷菜、冷拼制作前，要有目的地去选择器皿，达到理想的效果。

6.节约用料、物尽其用

冷菜的原料，使用较多，且经过各种刀工处理后，下脚料较多。因此，在原料选择时，要注意合理使用原料，有些下脚料，经过刀工处理后，可作为垫底原料使用，这样就避免了浪费，达到物尽其用的目的。

▲ 橙汁蓝莓山药

六、冷菜、冷拼制作中的注意事项

冷菜都是由可食性原料制作，可以直接或烹调后食用，由于制作时间比较长，需要精工细作，劳动量也比较大，在制作中需注意以下几个问题：

1.制作的原料必须是可食用的原料

在冷菜制作中，无论使用的原料是生料还是熟料，一定要保持其可食性。非可食性原料绝对不允许使用，包括各种食品添加剂，有些原料，新鲜状态下不能食用，但经过烹调加工后可以食用，有的人为了使冷菜色彩更加美观，造型更加别致，使用一些非食用性原料，那就违反了食品安全卫生法。

2.不能使用腐烂变质的原料

有些原料，由于制作过程时间较长，特别是在天气比较炎热的情况下，原料容易腐烂变质，一旦原料变质，则不能继续使用。另外，还要注意制作过程中一些原料的交叉污染。

3.注意制作过程中的卫生

冷菜制作过程从原料选用、餐具选择、刀具使用、工具配用等要严格按照卫生要求，及时进行必要的消毒处理，制作时最好配以消毒塑料手套，使用的生料、熟料，不要被设备、工具等污染，尽可能缩短制作时间，以保证冷菜的新鲜度，保证冷菜、冷拼的质量。

4.要防止成品变色、变质、变形

由于冷菜制作所使用的原料，有些会与空气中的氧接触而使其变色，有的会因为搁置时间较长而干燥变色，尤其在拼盘摆放过程中，由于摆放时间较长，容易变色、变质、变形。冷菜、冷拼在制作好后，若不及时食用，可用保鲜膜覆盖，放在低温下保存，也可在冷菜、冷拼表面涂刷一层油，既防止原料水分挥发，又防止食物与空气接触，同时还会使成品明亮鲜艳，达到保鲜的目的。

▲特色墨鱼肠

▲椒麻土鸡凤爪

Healthy

TASK 1

七、创意冷菜

近年来，社会上流行一种创意冷菜，有人说就是冷菜的创新，实际上冷菜的创新和创意冷菜有一定的区别和联系。

冷菜的创新，主要体现在加工工艺、烹调技术、调味手段等方面；而创意冷菜，则主要体现创作者的灵感、意境。

创意是创造思维或创新意识。创意冷菜，简单地说，就是通过创新思维意识，从而进一步挖掘和激活冷菜制作、装盘技巧、艺术欣赏等方面，从而提升冷菜食用价值和欣赏价值的一种意境。打破常规的思维方式，具有一定的创造性，是对冷菜的一种突破，是逻辑思维、形象思维、逆向思维、系统思维、模糊思维以及直觉、灵感等多因素认知方式的综合运用。

创意冷菜的意境具体体现在：

1.原料组合

突破传统的原料搭配，制作出一些意想不到的荤素搭配的效果，如泡椒配苦瓜、鸡蛋干拌鸭脯肉、丁香鱼配三七苗等。

2.口味创新

在传统口味基础上，利用新的调味品或新的调味组合来创新冷菜，构成新的风味，如捞汁腰片、烧椒芥末拌鱼片、奶冻木瓜等。

3.创意装盘

任何一个创意菜，都有其独特的装盘手法，有的将原料改成独特的形状，有的拼摆成独特的创意造型，有的辅以花草鱼虫，有的选用独特的器皿，通过构思，简洁而具有艺术欣赏价值。

4.色彩协调鲜艳

任何一道创意冷菜，都有一个令人耳目一新的创新意境，色彩给人以视觉上的享受。创意冷菜不仅具有原料的本色，更重要的是赋予的色彩效果，这就要求创作者对创意冷菜的理解，在于厨师意境的想象发挥，要具有一定的灵感和直觉。

当然，创意冷菜主要体现的是一种意境的美感，是一种欣赏和食用的结合，同时也要有一定的艺术水准，才能做好创意冷菜。

▲冷菜烹调

任务二 冷菜的制作

▲ 时蔬拌菜

一、冷菜的制作

冷菜的制作，是指对烹饪原料加热成熟后或不加热直接进行调味，用于冷吃菜肴的制作过程，有热制冷吃和冷制冷吃等。

冷菜是用来制作冷拼的主体原料，原料通过各种不同的成熟方法，将其加工成符合制作要求的熟制品，将这些熟制品经过刀工处理，拼摆出一定的造型和图案，这一过程称为冷拼的制作。

冷菜的制作，从色、香、味、形、质等诸多方面，较之热菜有所不同。冷菜的制作具有其独立的特点，与热菜的制作有明显的差异。如何选择符合冷菜制作需要的原材料，这就要求我们熟悉并掌握冷菜制作的常用方法。

冷菜制作的烹调技艺主要有拌、腌、卤、酱、煮、蒸、炝、熏、醉、烤、冻、挂霜等。

冷菜的加工成熟，其意义不完全等同于热菜的加热成熟。它既包含了通过加热调味的手段将原料加工成熟，也包含着直接调味将原料制“熟”，而不通过加热的方式。因此，从这个意义上来讲，冷菜的许多制熟方法是热菜烹调方法的延伸、变革或者是综合运用。

要制作好冷菜，一是要练好制作冷菜的基本功，认识原料的性质，掌握冷菜的作用和制作原则；二是要掌握好各种冷菜的烹制方法，认识和掌握烹调方法，才能具体地去制作；三是要掌握好冷菜的调味技巧，要了解冷菜的调味原则、适应的味型、如何进行调味等；四是要具有纯熟的刀工技法，掌握好冷菜的装盘技术，特别是对一些艺术装盘。冷菜拼盘的原料，大都是加工制熟后再进行切配，因此具有一定的难度，对刀工技法的要求甚高。只有掌握好各种刀工技法，才可以切配出符合要求的拼盘原料；此外，制作好冷菜的拼盘还需要具备一定的美术功底和创意能力，才可以设计制作色彩搭配合理、典雅大方、构思巧妙的拼盘。

冷菜在制作过程中要注意以下几点：

(1) 选择新鲜材料，凉拌的原材料一定要保持新鲜；

(2) 讲究卫生，很多凉拌菜都是有生有熟，因此在处理时案板和刀具等都要生熟分开；

(3) 合理搭配，选用的原料最好是有荤有素，色彩丰富，营养全面；

(4) 提前预处理，不能生吃的材料一定要提前预处理熟，生吃的材料处理好备用。

二、冷菜的调味

冷菜的制作除体现在原料的选用上外，更注重的是精细的刀工、色彩的搭配，尤其是调味。

调味就是把菜肴的主、辅料与多种调味品适当配合，使其相互影响，经过一系列复杂的理化变化，去其异味、增加美味，形成各种不同风味菜肴的过程。冷菜调味是菜肴制作的关键技术之一，只有不断地操练和摸索，才能慢慢地掌握其规律与方法，并与烹调技法巧妙地结合，烹制出色、香、形、味俱好的佳肴。冷菜的调味要因料调味、因菜调味、因时调味、因人调味、因地调味。冷菜调味，要根据冷菜的品种性质，有针对性地选用调味品的口味，有的冷菜适合于重口味，有的冷菜适合于重色泽，应用中要注意冷菜的调味。

冷菜的调味方法主要有：

(1) 加工前调味：这是冷菜调味的第一个阶段，特别是对一些不容易入味的原料，要实现腌制调味，用精盐、料酒等，让调味品的味渗入原料，并消除原料的腥膻味，适用于鸡、鸭、鱼、虾、肉类等动物性原料，如熏鱼、烤鸡、叉烧等。有些植物性原料，多为冷制冷吃的原料，也采用加工前调味，如腌、泡、渍等。

(2) 加热中调味：多用于热制冷吃的冷菜，如酱、卤、煮等。热菜制作中，这种调味方法较多，可以确定菜品的风味特色。

(3) 加工后调味：主要是针对烹制加热前和加热中都不易调味或不能充分调味的原料，通过加工后的调味，可以确定菜品的口味和特点，如拌、炝、熏等。

▲ 鱼籽鹅肝

餐饮专业定制酱油

三、冷菜常用的调味品

1.食盐

食盐是人们日常生活中不可缺少的食品之一，烹饪中常利用盐很强的渗透力和杀菌作用保存食物，如腌菜、腌肉、腌鱼、腌蛋等。我国所产的食盐主要有海盐、井盐、池盐、矿盐四大类。

食盐按加工程度的不同，又可分为原盐（粗盐）、洗涤盐、再制盐（粗盐）等。近年来，还逐步推出一些新产品，如鲜味盐、花椒盐、多味盐等，以满足人们不同的口味需要，是良好的居家食用盐品种。

食盐是冷菜制作不可缺少的调味品，特别是一些腌制类的冷菜，需要用盐来腌制，也是形成腌腊特殊风味的主要因素。

2.食糖

食糖是从甘蔗、甜菜等植物中提取的一种甜味调味品，其主要成分是蔗糖。我国以广东省、广西壮族自治区、福建省、台湾省、内蒙古自治区及东北地区为主要产地。

食糖按制造方法，可分为机制糖和土制糖两大类；按色泽可分为红糖和白糖两大类；按形状和加工程度的不同又可分为绵糖、砂糖、冰糖和方糖等品种。

冷菜制作中常用于甜菜或糖醋以及挂霜等菜肴。

3.味精

味精是常用的鲜味调味品，它的化学名称为谷氨酸钠（即谷氨酸一钠），是从大豆或小麦面筋及其他含蛋白质较多的物质中提炼制成，现多用淀粉经发酵制成。味精有的呈结晶状，有的呈粉末状，除含有谷氨酸外，还含有少量的食盐。我国规定按谷氨酸钠量的多少分为五种规格（即99%、95%、90%、80%、60%），全国各地均有生产。

味精的性质微有吸湿性，易溶于水，味道极鲜美，用水冲淡3000倍仍能感觉到鲜味。味精含鲜味与溶解度有很大的关系，在弱酸和中性溶液中，溶解度最大，具有强烈的肉鲜味；在碱性溶液中不但没有鲜味，反而有不良气味，因为谷氨酸一钠在碱性溶液中能变成没有鲜味的谷氨酸二钠。味精在70°C～90°C时溶解度最好，而在高温下则能使谷氨酸一钠变成焦谷氨酸钠而失去鲜味，甚至产生毒性。味精在强酸性溶液中，溶解度极小，所以鲜味也很小。由此，在使用味精时不宜在高温下加入，而在冷菜中，因温度低，不易溶解，鲜味发挥不出来，应适当用温开水溶后浇入冷菜。还应尽量避免在碱性和酸性条件下使用味精，防止产生不良的变化。使用味精还要适量，用量多，会产生一种似咸非咸、似涩非涩的怪味。

鸡精仅是味精的一种，主要成分都是谷氨酸钠发展而来，鲜度是谷氨酸钠的两倍以上。由于鸡精中含有鲜味核苷酸作为增鲜剂，具有增鲜作用，纯度低于味精。鸡精是一种复合鲜味剂，是日常使用的调味品。由于是复合调味品，相对保质期为1～2年，而95%纯度的味精，保质期为3年。

4.酱油

酱油是中国传统的调味品。它是用豆、麦、麸皮酿造的液体调味品。色泽呈红褐色，有独特酱香，滋味鲜美，有助于促进食欲。酱油一般有老抽和生抽两种：生抽较咸，用于提鲜；老抽较淡，用于提色。以咸味为主，亦有鲜味、香味等。它能增加和改善菜肴的味道，还能增添或改变菜肴的色泽。生抽用来调味，因颜色淡，故做一般的炒菜或者冷菜的时候用得多。

味极鲜酱油是酱油的一个品种，酱液外观浅褐清透，豉香浓郁，鲜味突出，口感醇厚有回味，用于烹饪或点蘸、凉拌菜肴，只需几滴，便能尝到与众不同的鲜美味道。

5.醋

醋是一种发酵的酸味液态调味品，以含淀粉类的粮食（高粱、黄米、糯米、籼米等）为主料，谷糠、稻皮等为辅料，经过发酵酿造而成。醋在烹调中为主要的调味品之一，以酸味为主，且有芳香味，在冷菜中用途较广，是糖醋味的主要原料。它能去腥解腻，增加鲜味和香味，能在食物加热过程中使维生素C减少损失，还可使烹饪原料中钙质溶解而利于人体吸收。主要品种有：

香醋：别名镇江香醋，于1840年恒顺公司所创，是用优质糯米经过20多道工序制成的调味品。其特点为：香味浓郁，酸甜不涩，久存不坏，为调味佳品，畅销中外。

陈醋：以高粱为主料。先加入多量酒曲，采用低温酒精进行发酵，然后再拌入谷糠麸皮经醋酸发酵。一半醋醅进行熏醅，另一半醋醅进行淋醋，以所得醋液再浸泡熏醅，淋得新醋。新醋再经夏日伏晒、冬季捞冰的长期陈酿和浓缩工序制成。其特点为：浓褐色，液态清亮、醋味醇厚、具有少量沉淀、贮放时间长、不易变质等。

白醋：是用蒸馏过的酒发酵而成，除了醋酸和水几乎不含其他营养成分。白醋虽酸的气味强烈，但入口口味实则较清淡，非常适合凉拌食物和西餐，做菜的时候加几滴，不会影响食物的色泽，也是一种非常好的调味品。

米醋：米醋是多种醋中营养价值较高的一种，主要由大米、高粱等酿造而成，富含丰富的氨基酸和维生素，多吃对身体有好处。

6.香油

香油，又称芝麻油，是从芝麻中提炼出来的，具有特别的香味，故称为香油。 按榨取方法一般分为机榨香油和小磨香油，小磨香油为传统工艺香油。香油是中国传统的调味植物油，它是芝麻中榨取的油，有浓郁的炒芝麻香味，其味醇正而耐回味。优质香油一般呈棕红色、橙黄色或棕黄色，无混浊物质。芝麻香味浓郁，无异味。醇正的小磨香油呈红铜色，清澈，香味扑鼻。香油是冷菜制作不可缺少的调味品，常用于冷菜的提香。

7.芝麻酱

芝麻酱也叫麻酱，是把炒熟的芝麻磨碎制成的食品，有香味，可作为调味品食用。根据所采用的芝麻的颜色，可分为白芝麻酱和黑芝麻酱。做工精细、色泽金黄、口感细滑、口味醇香。

芝麻酱是群众非常喜爱的香味调味品之一。食用以白芝麻酱为佳，滋补益气的以黑芝麻酱为佳。

芝麻酱的色泽为黄褐色，质地细腻，味美，具有芝麻固有的浓郁香气，不发霉，不生虫。一般用作凉拌菜等的调味品。

8.蚝油

蚝油是用蚝（牡蛎）熬制而成的调味品。是广东常用的传统的鲜味调味品，也是调味汁类最大宗产品之一。它以素有“海底牛奶”之称的蚝（牡蛎）为原料，经煮熟取汁浓缩，加辅料精制而成。

蚝油味道鲜美，蚝香浓郁，黏稠适度，营养价值高，也是冷菜制作常用的调味品。

9.虾油

虾油又称虾油露，并非油脂，是用鲜虾为原料，腌渍、发酵、熬炼后制成的一种味道极为鲜美的液体调味品。亦有用小青鳞鱼、三角绮、小杂鱼、蚌肉以及鱼制罐头的下脚料加工制成鱼酱油、绮油等，统称为虾油。虾油中含有鲜虾浸出物的各种呈味成分，不仅味鲜美，而且营养价值很高，且易于消化吸收。优质的虾油色泽黄亮、汁液浓稠，无杂质和异味，味极鲜美，咸味轻，余味绕口。虾油主要用于冷菜的提鲜增香，味道别具一格。

10.辣椒油

辣椒油是一种调味品，也称为红油。其制作方法相当讲究。一般将辣椒和各种配料用油炸后制得。广受我国西南地区人们的欢迎。

红油是一种调味品，色泽红亮，有香辣味，主要是以四川的朝天椒加植物油及其他香料（如花椒、八角、三柰、葱、蒜、姜、糖）用慢火精熬而成。可做成香辣红油、麻辣红油、鲜椒红油、五香红油、泡椒红油、豆瓣红油、混合红油、火锅红油等。在冷菜调味中用途极广。

11.花椒油

花椒油是用热油通过炸制花椒中提取出呈香、呈味物质于食用植物油中的产品，为浅黄、绿色或黄色油状液体，麻味较重，椒香浓郁，一般做冷菜时会用到，用来提味增香。

12.酒

料酒就是专门用于烹饪调味的酒，主要功能在于去腥、增鲜。其主要用在烹调肉类、家禽、海鲜和蛋等动物性原料的时候，和其他调味品一起加入。烹调过程中，酒精帮助溶解菜肴内的有机物质，其他料酒内的少量挥发性成分与菜肴原料作用，产生新的香味并减少腥膻和油腻的口感。酒精能与食物中的羧酸反应产生芳香且有挥发性的酯类化合物。烹调完毕后，大部分酒精受热挥发，而不存留在菜肴内。次要作用是部分替代烹调用水，增加成品的滋味。

白酒，冷菜中常用于醉制菜肴，有杀菌增味作用。

酒糟在冷菜制作中也常被用到，有专制的糟油和糟卤，制作的菜肴，糟香味浓。

13.葱

葱属百合科，是多年生草本植物葱的茎与叶，上部为青色葱叶，下部为白色葱白。葱是日常厨房里的必备之物，北方以大葱为主，它不仅可作调味之品，而且能防治疫病，可谓佳蔬良药。具有刺激性气味的挥发油和辣素，能去除腥膻等油腻厚味菜肴中的异味，产生特殊香气，并有较强的杀菌作用，可以刺激消化液的分泌，增进食欲。

大葱可直接拌制在冷菜中，特别是京葱，也称为小葱，又叫香葱，是一种常用调味品，一般都是生食或拌冷菜用。

用大葱加工的葱油也是冷菜中常用的调味品。

用料为生油、葱末、盐、味精。葱末入油后炸香，即成葱油。再与调味品拌匀，为白色咸香味。用以拌食禽、蔬、肉类原料，如葱油鸡、葱油萝卜丝等。

14.姜

生姜为姜科植物姜的新鲜根茎。全国大部分地区都有栽培，主产于四川、广东、山东、陕西等地。生姜为常用调味品类食物，也可用于做酱菜及小吃等，一般做酱菜和小吃用嫩姜，做调味品和药用以老姜为佳。鲜品或干品可作烹调配料或制成酱菜、糖姜。茎、叶、根茎均可提取芳香油，用于食品、饮料及化妆品香料中。

调味姜乳是提取了生姜中的调味精华部分浓缩而成，外观如蛋黄色的奶油，呈膏状。使用非常方便，调味作用极强，可用于高档餐厅中。作为调味品，在调料汤中放入一点即可，尤其适合于海鲜蘸食。

15.蒜

大蒜又叫蒜头、大蒜头、胡蒜、葫、独蒜、独头蒜，是蒜类植物的统称。呈扁球形或短圆锥形，外面有灰白色或淡棕色膜质鳞皮，剥去鳞叶，内有6～10

个蒜瓣，轮生于花茎的周围，茎基部盘状，生有多数须根。每一蒜瓣外包薄膜，剥去薄膜，即见白色、肥厚多汁的鳞片，有浓烈的蒜辣气，味辛辣，可食用或供调味，亦可入药。大蒜是人类日常生活中不可缺少的调味品，在烹调鱼、肉、禽类和蔬菜时有去腥增味的作用，特别是在凉拌菜中，既可增味，又可杀菌。习惯上，人们平时所说的“大蒜”，是针对蒜头而言的。

大蒜的品种依照鳞茎外皮的色泽可分为紫皮蒜与白皮蒜两种。紫皮蒜的蒜瓣少而大，辛辣味浓，产量高，多分布在华北、西北与东北等地，耐寒力弱，多在春季播种，成熟期晚；白皮蒜有大瓣和小瓣两种，辛辣味较淡，比紫皮蒜耐寒，多秋季播种，成熟期略早。

冷菜制作中最常用的就是蒜泥和蒜油。

蒜泥，将大蒜去皮捣碎成泥状，就成了蒜泥。多用作作料，也可药用。大蒜味辛、性温，入脾、胃、肺经，具有温中消食、行滞气、暖脾胃、消积、解毒、杀虫的功效。蒜油就是将大蒜拍松斩碎后，用温油浸炸得到的调味品，蒜香味浓郁。

除大蒜外，蒜苗、蒜黄、蒜薹有时也用于一些凉拌菜中调味增鲜。

16.辣椒

辣椒又称大椒、辣子、海椒、番椒、辣茄，为茄科辣椒属一年生或多年生草本植物，以果实供食用。辣椒品种繁多，按果形可分为长椒、灯笼椒、簇生椒、圆锥椒、樱桃椒五类。成熟后变成鲜红色、绿色或紫色，以红色最为常见。

辣椒除用于制作辣椒粉、辣椒油等之外，也可直接用于冷菜的调味。

17.芥末

芥末，又称芥子末、西洋山芋菜、芥辣粉，一般分绿芥末和黄芥末两种。黄芥末源于中国，是芥菜的种子研磨而成；绿芥末（青芥辣）源于欧洲，用辣根（马萝卜）制造，添加色素

▲ 调味品

后呈绿色，其辛辣气味强于黄芥末，且有一种独特的香气。芥末微苦，辛辣芳香，对口舌有强烈刺激，味道十分独特。芥末粉润湿后有香气喷出，具有催泪性的强烈刺激性辣味，对味觉、嗅觉均有刺激作用。可用作泡菜、腌渍生肉或拌沙拉时的调味品。亦可与生抽一起使用，充当生鱼片的美味调味品。

芥末油：是以黄芥末籽经过蒸馏后得出的芥末精，再与剩下的芥末饼榨取的油进行比例稀释后而得来的一种调味油，俗称芥末油或芥末调味油。芥末油具有强烈的刺激味。主要辣味成分是食品级异硫氰酸烯丙酯（化学名）。其辣味强烈，可刺激唾液和胃液的分泌，有开胃、杀菌消炎等作用，还能增强食欲，另外还有解毒、美容养颜等功效。芥末油分黑芥末油和白芥末油两种。

芥末酱：由芥末粉或山葵、辣根或其他粉类经发制、调配而成的一种常见调味品，具有强烈的刺激性气味和清爽的味觉感受，可以作为夏季凉拌菜的调味品。芥末酱一般分中国黄芥末酱、日式青芥辣酱、法式芥末酱和美式芥末酱。

芥末糊：用料为芥末粉、醋、味精、香油、糖。做法是用芥末粉加醋、糖、水调和成糊状，静置半小时后再加调味品调和，为淡黄色，咸香味。用以拌食，荤素均宜，如芥末肚丝、芥末鸡皮、芥末苔菜等。

18.五香粉

五香粉，是指将超过5种的香料研磨成粉，再混合在一起的调味品，常使用在煎、炸前涂抹在鸡、鸭肉类上，也可与细盐混合做蘸料之用。五香粉因配料不同，有多种不同口味和不同的名称，如麻辣粉、鲜辣粉等，是家庭烹饪、佐餐不可缺少的调味品。多用于冷菜制作中的酱卤类，如五香烧鸡、五香牛肉等。

五香粉，各地有所区别，主要成分是八角、花椒、肉桂、丁香、小茴香籽。有些配方里还有干姜、豆蔻、甘草、胡椒、陈皮等。主要用于炖制的肉类或者家禽菜肴，或是加在卤汁中增味，或拌馅。

除五香粉，酱卤菜还常用到由各种香料制作的八大味、十三香等复合香料调味品。

19.胡椒粉

胡椒粉，亦称古月粉，由热带植物胡椒树的果实碾压而成，主要产在印度、越南、印度尼西亚、泰国、新加坡等国，中国广东省、海南岛也有生产。

胡椒既是一种很好的调味品，又是一种珍贵的药材。胡椒粉可药、食两用，中医学称胡椒有温胃散寒之功能。食法主要有直接食用胡椒粉。胡椒粉又是世界上主要的调味香料，果实中含有挥发性油1%～2%，胡椒碱8%～9%，还含有粗脂肪、蛋白质、淀粉、可溶性氮等物质。胡椒粉含有的特殊成分使胡椒具有特有的芳香味道，还有苦辣味，成为百姓欢迎的具有辣味的调味品。

胡椒粉分白胡椒粉和黑胡椒粉两种，白胡椒粉为成熟的果实脱去果皮的种子加工而成，色灰白，种仁饱满，气味较浓，品质较好；黑胡椒粉是由未成熟而晒干的果实加工而成，果皮皱而黑，气味较淡。两者性情也不同。专家说，黑胡椒粉走里，味重，调味作用稍好；白胡椒粉药用价值更高，走表，辛散作用更好。胡椒粉是用干胡椒碾压而成。

20.椒盐

椒盐是中国各个地区常见的调味品。可以用中小火将花椒粒与盐炒约一两分钟至花椒香气逸出，盛起待凉即可。也可将花椒去梗、籽，放入锅中炒至焦黄色时，倒在案板上用擀面杖压碾成碎末。把细盐放入锅中，炒到水分蒸发干，能粒粒分开时取出。将碾碎的花椒和细盐放在一起，拌和均匀即成。调制时盐须炒干水分，碾为极细的粉末，花椒须炒香，亦碾为细末，随制随用，不宜久放；冷菜中常用于油炸食物调味。

21.孜然粉

孜然粉，是我们生活中最常用的调味品之一。常用于烹饪牛、羊肉，能够去除腥味，令其肉质更加鲜嫩。孜然粉主要由安息茴香（即孜然）与八角、桂皮等香料一起调配磨制而成。

孜然粉口感风味极为独特，富有油性，气味芳香而浓烈。它主要用于调味，是烧、烤食品必用的上等作料，同时也是配制咖喱粉的主要原料之一，冷菜中常用于一些炸制类冷菜，如孜然金蝉、孜然花生米等。

22.陈皮

陈皮，中药名，为芸香科植物橘及其栽培变种的干燥成熟果皮。药材分为“陈皮”和“广陈皮”。采摘成熟果实，剥取果皮，晒干或低温干燥。外表面橙红色或红棕色，有细皱纹和凹下的点状油室；内表面浅黄白色，粗糙，附黄白色或黄棕色筋络状维管束。质稍硬而脆。气香，味辛、苦。是烹饪中常用的香料之一，如陈皮牛肉、陈皮兔等。

23.花椒

花椒是芸香科、花椒属落叶小乔木；果紫红色，单个分果瓣散生微凸起的油点，顶端有甚短的芒尖或无；4—5月开花，8—9月或10月结果。主要分布在我国由北起东北南部，南至五岭北坡，东南至江苏、浙江沿海地带，西南至西藏东南部。

花椒是我们平常非常喜欢用的调味品，生活中常用的是干花椒，花椒在新鲜时也可使用，花椒叶也可作为调味品。以其麻麻的口感著称，花椒是传统五香粉的基本成分，也是制作椒盐和花椒油的主要原料，用途极广。吃一点花椒好处多多，花椒中柠檬稀物质含量很高，这种物质具有很好的杀菌功效，平常吃一点花椒可以很好地杀灭我们体内的一些有害菌。

24.茴香菜

茴香菜又名小怀香，又称香丝菜、小茴香、茴香子、谷香（四川、贵州）、浑香，小茴香的茎部及嫩叶可作菜蔬，调味品小茴香，为植物茴香的干燥成熟果实。

茴香有特殊的香辛味，非常刺鼻，对于不喜欢吃茴香的人来说是非常敏感的。茴香表面有白粉，叶子如羽毛状风裂，夏季开黄色花。春秋均可播种或春季分株繁殖茴香，其原产地为中海地区，后在我国各地普遍栽培，茴香的适应性较强。我国北方主要在春秋两季栽培，对于茴香的选择，颗粒均匀、黄绿色、气味浓厚、无杂质者为佳。春播时间一般是每年3月下旬，4月上旬、5月中下旬收获。秋播是7月、8月，9月收获。

四、冷菜的味型

冷菜味型是由单一味调味品或两种及两种以上基本味的调味品，按一定比例，经科学调配而产生的一种具有各自本质特征的复合美味，故能使菜肴呈现出独特味道或口味的类型。因而在烹制过程中，利用多种味型可调制出丰富多彩的美味佳肴来。

1.咸鲜味型

咸鲜味型是冷菜中最常见的味型，也是菜肴最基础的味型，运用十分广泛，常以盐、味精调制而成，因不同菜肴的风味需要，也可用酱油、白糖、香油及姜、盐、胡椒调制。调制时，须注意掌握咸味适度，突出鲜味，并努力保持以蔬菜为烹饪原料本身具有的清鲜味，白糖只起增鲜作用，须控制用量，不能露出甜味来，香油亦仅仅是为增香，须控制用量，勿使过头。其风味特点是咸鲜清香，淡雅可口，四季皆宜。广泛应用于凉菜，例如“白斩鸡”“盐水虾”等。可以使用拌制，也可以使用浇汁或加热中调味。一般来说，调味品的比例和用量，按照菜肴数量和当地口味习惯酌情处理，但不能掩盖咸鲜味，要突出咸鲜味。

咸鲜味型的冷菜，品种很多，有生料直接拌制的冷菜，也称为本味咸鲜；也有热制冷吃的冷菜，多数为盐水咸鲜。按颜色可分为有色和无色，有色的多加入酱油或生抽，无色的不加酱油或加入白酱油。以咸鲜味型为基础味型的菜肴很多，我们把它列在特殊的风味味型之中，如五香味型、椒盐味型等，单独予以介绍。

实例1

冷制冷吃菜肴，无色、生食调味。此味型，适宜于一些生食的植物性原料，如黄瓜、莴苣、萝卜、苦瓜、生菜等。多用于凉拌、腌制等烹调技法，采用无色调味品，利用原料本味和本色。

海米凤尾莴苣

原料：

主料：莴苣400g。

调味品：食盐2g、白糖2g、味精1g、麻油5g、海米10g。

工艺流程：

莴苣去皮洗净→切成凤尾形→食盐腌制→泡制海米→挤去水分→加入调味品→拌制均匀→成品。

特点：

咸鲜适口，清淡爽脆，色泽鲜艳。

实例2

冷制冷吃菜肴，有色、生食调味。此味型同实例1，只是在制作过程中加入有色调味品，虽然说有色，但不宜色彩太重，选择一些色泽较淡的调味品，如耗油、生抽、甜油等，适宜于一些生食的植物性原料，如黄瓜、莴苣、萝卜、苦瓜、生菜等。多用于凉拌、浇汁等烹调技法。

耗油球生菜

原料：

主料：球生菜250g。

调味品：白糖2g、麻油5g、耗油30g。

工艺流程：

球生菜洗净→用手掰成不规则形状→白糖、麻油、耗油放在一起搅匀→浇入放在盘中的球生菜上→成品→食用时拌匀。

特点：

色泽明亮，咸鲜适口，生菜爽脆。

▲耗油球生菜

▲ 白斩鸡

▲ 盐水青虾

实例3

热制冷吃菜肴，有色、熟食调味。此味型多用于一些熟制冷吃的动物性原料，如白斩鸡、白水牛肉，熟制的猪肚、猪心、猪肝等。多使用蒸煮的烹调技法，蒸煮过程中不调味，成熟后调味。多采用有色的生抽、甜油、酱油、海鲜酱等，调成味汁，可浇汁，可蘸食。

白斩鸡

原料：

主料：煮熟的仔鸡半只约400g。

调味品：食盐2g、生抽10g、香醋2g、白糖2g、味精2g、麻油5g、胡椒粉3g。

工艺流程：

仔鸡改刀装盘→调制调味汁→调味汁浇在鸡上→成品。

特点：

咸鲜味浓，鸡肉嫩爽，造型美观。

实例4

热制冷吃菜肴，多用于水煮或汽蒸，汽蒸需事先腌制，水煮需在煮制的过程中调味或事先腌制，无论是蒸还是煮，一般不加有色调味品，否则变成了卤制。如盐水鸭、盐水鸡、盐水老鹅、盐水青虾等。食用时可适当浇入一些卤汁。

盐水青虾

原料：

主料：活青虾150g。

调味品：食盐4g、料酒10g、葱20g、姜20g。

工艺流程：

葱姜去皮洗净→切段和片拍松→清水中加入葱姜和调味品煮开→倒入青虾→青虾熟后浸泡捞出→成品。

特点：

咸鲜味浓，虾色鲜红，虾肉细嫩，汤汁咸鲜。

2.咸甜味型

以咸甜两味为主，鲜香味为辅，咸中有甜，甜中鲜香。使用食盐、白糖、料酒，也可酌加姜、葱、花椒、冰糖、糖色、五香粉等变化其格调。各地的风味不同，咸甜两味比重有差异，也有的加姜、葱、花椒、冰糖、糖色、五香粉、醪糟汁、鸡油等。视盐、糖用量，或咸甜并重，或咸中带甜，或甜中带咸。如“叉烧肉”“糖醋排骨”等。

实例5

叉烧肉

原料：

主料：猪里脊肉500g。

调味品：姜20g、料酒15g、生抽5g、老抽2g、叉烧酱30g、蜂蜜15g。

工艺流程：

猪里脊肉洗净→切成约5厘米长的大块→取一大碗，放入肉块，加入生姜、料酒、生抽、老抽、叉烧酱→放进冰箱，腌制24小时→烤制→刷蜂蜜→成品。

特点：

咸甜味浓，色泽红艳，肉质鲜嫩。

3.五香味型

最初的五香粉只有5种香料，所以称为五香粉，各地五香粉构成有所不同，也有的地方，五香粉并不是单纯地指五种香料搭配而成的香料配方，五香的意思是多种香料，其配比的比例也各不相同。但一般来说，五香粉的基本成分是磨成粉的花椒、肉桂、八角、丁香、小茴香。有些配方里还有干姜、豆蔻、甘草、胡椒、陈皮等。主要用于炖制的肉类或者家禽菜肴，或是加在卤汁中增味，或拌馅。其风味特点是浓香咸鲜，此味凉菜经常应用。如“五香牛肉”“五香鱼块”等。其实，无论是五香粉，还是十三香，香料的配比要突出主体香型味道，香料搭配要互补，有些香料味道比较浓郁，用量就要少一些，有些味道清淡，用料就要多一些。略举几例不同组成和配方：

配方1：八角、花椒、桂皮、小茴香、丁香之比为6:6:3:3:1。

配方2：花椒、肉桂、八角、丁香、小茴香之比为4:6:4:1:2。

配方3：八角、桂皮、山柰、白胡椒、砂仁、干姜、甘草之比为10:2:2:1:1:3:3。

配方4：花椒、八角、小茴香、草果、丁香、白芷、桂皮之比为2:4:4:1:1:3:4。

配方5：花椒、丁香、小茴香、甘草、砂仁、草果、白芷之比为1:1:4:3:2:1:3。

▲ 叉烧肉

▲五香牛肉

实例6

■五香牛肉

原料：

主料：牛腱子肉2000g。

调味品：桂皮10g、陈皮10g、花椒5g、八角10g、辛萋2g、小茴香2g、精盐150g、姜20g、白砂糖40g、红曲米20g、肉蔻3g、山柰片3g、砂仁2g、丁香3g、白芷5g、草果3g、甘草2g。

工艺流程：

牛肉浸泡洗净→腌制→焯水→调制卤汁→卤制→成品。

特点：

五香味浓，牛肉鲜香。

4.酱香味型

酱香味型是冷菜常用味型之一，主要由风味调味品甜酱作风味骨架，另辅以精盐、白糖、味精、香油复合而成，因不同菜肴风味的需要，可酌加酱油、姜葱、胡椒、花椒等。特点是酱香浓郁，咸鲜带甜。应用范围多以鸡鸭、猪牛羊肉及其内脏、豆腐、根茎瓜果蔬菜、干果等为原料，如“酱香桃仁”“酱香排骨”“酱香茭白”等。

▲酱香茭白

实例7

■酱香茭白

原料：

主料：茭白1000g。

调味品：甜面酱100g、白砂糖25g、味精2g、香油5g、花生油100g。

工艺流程：

茭白去皮洗净→切成4厘米长的条→油焐成熟（不上色）→炒酱汁→加入茭白拌匀→成品。

特点：

色泽红润，酱香味浓，茭白鲜嫩。

5.麻酱味型

麻酱味型也称麻汁味型，此味型在咸鲜味的基础上，加芝麻酱，以芝麻酱香味为主。所用调味品由芝麻酱、食盐、白糖、味精、浓鸡汁、芝麻油调配而成。其风味特点是芝麻酱香，咸鲜醇正。在调配时，食盐要适量，不宜多。要重用芝麻酱，以突出其香味；但因芝麻酱有败味的弱点，所以使用量不可太大。如“麻酱豆角”“麻酱面筋”“麻酱凤尾笋”等。

实例8

麻酱豆角

原料：

主料：嫩豆角200g。

调味品：麻酱30g、食盐3g、味精1g、米醋2g、麻油20g。

工艺流程：

豆角加工→水煮成熟→过凉，盐、味精、米醋拌匀→麻油、调麻酱汁→浇在豆角上拌匀→成品。

特点：

麻香味浓，豆角爽脆。

▲ 麻汁爆肚

▲ 麻酱豆角

6.姜汁味型

此味型是在咸鲜酸味的基础上加入姜汁，俗称姜汁味型，此味型是由鲜味、咸味、酸味和辣味（姜汁）调味品构成。特点是咸酸微辣，姜味浓郁。成菜食用时有鲜香、清爽、不腻之感，尤能诱发人们的食欲。味精的用量不宜过大，一定要突出姜与醋的混合味。此味型味清淡，但不能淡薄无味，和诸味与其他复合味均不矛盾。宜应用于凉拌菜肴，春、夏季最适宜，尤以佐酒为佳。如“姜汁菠菜”“姜汁藕”“姜汁海蜇”等。

▲姜汁藕

实例9

■姜汁藕

原料：

主料：鲜藕300g。

调味品：姜汁10g、食盐3g、白醋2g、白糖2g、麻油10g。

工艺流程：

藕去皮洗净→切薄片→焯水→过凉→加入调味品→加入藕片拌匀→成品。

特点：

色泽洁白，姜味浓郁，藕片爽脆。

7.香糟味型

此味型是在咸鲜甜味的基础上，加香糟或醪糟，俗称香糟味，由咸味和甜味调味品调配而成，由醪糟（或香糟）、咸味、鲜味和甜味调味品构成。换言之，以醪糟（或香糟）、食盐、味精、芝麻油调配而成（因不同菜式的风味需要，可以酌加胡椒粉或花椒、冰糖及葱、姜）。此味风味特点是醇香咸鲜而回甜，清爽芬芳。此味凉菜常用。如“香糟兔”“香糟蛋”“糟鸭”等。

▲香糟鸡翅

实例10

■香糟鸡翅

原料：

主料：生鸡翅1000g。

调味品：糟汁150g、白胡椒粉1g、料酒50g、精盐10g、味精2g、大葱20g、老姜15g、香油10g、鲜汤150g。

工艺流程：

鸡翅洗净→焯水→再洗净→加葱、姜、料酒煮熟→加鲜汤、糟汁、胡椒粉、精盐腌制约4小时→成品。

特点：

鸡翅洁白，咸鲜适口，回味略甜，糟香味醇。

8.咖喱味型

咖喱味型是中、西式调味以及东南亚等地区均有使用的一种味型，在中国南方等地区运用较为广泛。其广泛用于冷、热菜式。主要应用于以家禽、家畜、禽蛋、水产、蔬菜等为原料的菜肴。其口味特点主要体现为：咖喱香浓，鲜咸微辣。“咖喱”味主要来源于各种咖喱酱、咖喱粉。咖喱粉主要是采用辣椒、花椒、肉桂、大茴香、小茴香、八角、丁香、砂仁、蔻仁、草果、甘草、白芥子、芫茜（芫荽）、香茅、干葱、蒜茸、胡椒、南姜、生姜、番红花、姜黄等20多种香料、中药所构成。酱态咖喱是以20多种香料，加白糖、味精、白醋等多种调味品，经加工磨碎，然后加花生油、精盐熬制而成。其中的各种成分，可根据加减变化而衍生出很多不同的咖喱品种。其配方和味型中的口味变化因产地而有所异。但其多以各种香辛粉配成，是一种多复合辛香型的调味品。如印度咖喱、泰国咖喱、中国香港咖喱、上海咖喱等。“鲜咸微辣”味主要来源于咖喱本体，以及味精、精盐、各种鲜汤等调味品。

实例11

咖喱牛肉干

原料：

主料：生牛肉1000g。

调味品：盐10g、咖喱粉50g、酱油5g、干辣椒2g、料酒15g、姜10g、香叶3片、胡椒粉5g、白糖10g。

工艺流程：

牛肉浸泡洗净→切成1厘米长的粗条→焯水→加调味品（咖喱粉除外）煮制→汤汁�章干→加入咖喱粉拌匀→烤箱160°C烤制40分钟→成品。

特点：

咖喱味浓，色泽鲜艳，牛肉干香。

▲ 咖喱牛肉干

▲蒜泥白肉

▲椒盐排骨

9.蒜泥味型

是在咸鲜辣味的基础上，加蒜泥，俗称蒜泥味型，归属咸辣味型类。此味型是由香辛蒜味、咸味、鲜味、辣味和甜味调味品构成。以食盐、蒜泥、味精、白糖、芝麻油、红油等调配而成。此味风味特点是蒜香味浓，咸鲜微辣稍带甜。此味多用于凉菜。其应用范围是以鸡肉、兔肉、猪肉及蔬菜为原料的菜肴。代表性菜例有“蒜泥白肉”“蒜泥肚片”“蒜泥黄瓜”“蒜泥蚕豆”等。

因大蒜素易挥发，宜现吃现调拌，拌后即食用，味才鲜美；注意隔夜蒜泥不能使用。

实例12

■蒜泥白肉

原料：

主料：猪坐臀肉500g。

调味品：大蒜50g、酱油50g、红油10g、盐2g、鲜汤50g、白糖10g、香料3g、味精1g。

工艺流程：

猪肉洗净→煮熟→大蒜制茸，加调味品调成味汁→猪肉切成片摆盘子→浇上调味汁→成品。

特点：

色泽红艳，肉质细嫩，味道鲜香，蒜味极浓。

10.椒盐味型

是在咸鲜味的基础上，加花椒，俗称椒盐味型。由咸味和麻味调味品调配而成，主要呈咸味和麻味的味型。归属咸麻味型类。此味型是以咸味调味品和以花椒为代表的香辛调味品构成。此味风味特点是香麻而咸，四季皆宜。如“椒盐金蝉”“椒盐排骨”“椒盐菜松”等。

实例13

■椒盐排骨

原料：

主料：猪小排500g。

调味品：食盐10g、花椒粉20g、料酒10g、姜 10g、葱5g、湿淀粉 10g、面粉 5g、油适量。

工艺流程：

排骨洗净→剁成5厘米左右长段→葱姜去皮洗净切段、片拍松→炒制花椒盐（用食盐5g）→排骨加葱姜、料

▲ 椒麻肚片

酒、食盐（5g）腌制10分钟→湿淀粉、面粉调成糊→排骨挂糊温油炸制→复炸至金黄色捞出→控去油装入盘中→撒上花椒盐→成品。

特点：

排骨鲜香，色泽金黄，椒盐味浓。

11.椒麻味型

在咸鲜味的基础上，加花椒和葱叶，俗称椒麻味型。由咸味和麻味调味品调配而成，主要呈咸味和麻味的味型。归属咸麻味型类。是以食盐、白酱油、花椒、葱（叶）、白糖、味精、芝麻油等调配而成（因菜式的不同风味需要，也可酌量加些醋、胡椒粉和红辣椒等）。此味风味特点是椒麻辛香，味咸而鲜。在此基础上重用葱和花椒，以突出椒麻味；用芝麻油辅助，可使椒麻的辛香更加反复有味，但芝麻油用量以不压椒麻香味为好。此味经常用于凉菜。应用范围以鸡肉、兔肉、猪肉、猪舌、猪肚为原料的菜肴，“椒麻鸡片”“椒麻肚丝”“椒麻舌片”等。

在调配过程中先将葱叶、花椒加适量的食盐，要选用翠绿的葱叶，其清香味才浓；一同用刀铡成极细的末，将葱叶和花椒铡细后，最好用烧沸的热油烫过，其香味更浓；与白酱油、白糖、味精、芝麻油充分调匀。由于椒麻味除了麻香咸鲜外，还有清淡鲜香，其性不烈，与其他复合味都较适宜，四季皆宜，佐酒尤佳。

实例14

■ 椒麻肚片

原料：

主料：熟猪肚半个（约300g）。

调味品：花椒25g、食盐3g、小葱100g、醋2g、生抽10g、麻油10g、鲜汤50g。

工艺流程：

猪肚斜片成菱形片→花椒用水泡透（也可用鲜花椒）、小葱去皮洗净→花椒、小葱一起剁碎→加调味品调成味汁→猪肚片摆盘子→浇上调味汁→成品。

特点：

葱椒味浓郁，猪肚片鲜脆，风味独特。

12.甜香味型

甜香味型，顾名思义，其特点即醇甜而香。它以白糖或冰糖为主要调味品，因不同菜肴的风味需要，可佐以适量的食用香精，并辅以蜜玫瑰等各种蜜饯、樱桃等水果及果汁，

▲琥珀核桃仁

或核桃仁、芝麻、花生等干果仁。甜香味型有蜜汁、糖粘、冰汁、撒糖等多种调制方法，无论使用哪种方法，均须掌握用糖分量，过头则伤。

实例15

琥珀核桃仁

原料：

主料：核桃仁200g。

调味品：白糖150g、芝麻100g、桂花酱5g。

工艺流程：

核桃仁过油制熟→熬糖汁至黏稠→加入桂花酱和核桃仁→翻拌，糖液均匀裹在核桃仁上→撒入芝麻→凉凉→成品。

特点：

色泽明亮，核桃仁爽脆，香甜适口。

13.酸甜味型

由甜味和酸味调味品调配而成，主要呈甜味和酸味的味型。归属甜酸味型类。此味型是以甜味、酸味、咸味和鲜味调味品构成。换言之，以白糖、醋、食盐、芝麻油等调配而成。此风味特点是甜酸鲜美，清爽利口。如“糖醋海蜇”“糖醋白菜”“糖醋小萝卜”等。

实例16

糖醋排骨

原料：

主料：猪排骨400g。

调味品：食盐2g、花椒2g、黄酒15g、酱油2g、姜10g、葱10g、鲜汤150g、醋50g、白糖100g、熟芝麻25g、麻油10g。

工艺流程：

猪排骨洗净→斩成长约5厘米的段→焯水洗净→加盐、花椒、黄酒、姜、葱、鲜汤入笼蒸至肉离骨时，取出→油温180°C的油中，放入排骨炸呈金黄色捞出→鲜汤、白糖、酱油、醋熬至黏稠，加入色拉油熬至汤汁明亮→放入排骨，翻拌均匀→淋上香油→撒入芝麻→成品。

特点：

味汁黏稠，色泽红亮，肉质鲜香。

▲ 糖醋排骨

▲ 红油毛肚

▲ 酸辣黄瓜

14.红油味型

是在咸鲜甜味的基础上，加红辣椒油，俗称红油味型，由甜味和辣味调味品调配而成，主要呈甜味和辣味的味型。此味型是以咸味、鲜味、辣味和甜味调味品构成。换言之，是以食盐、红辣椒油、芝麻油、复制红酱油、白酱油、白糖、味精等调配而成。此风味特点是咸鲜香辣，回味稍甜，四季皆宜。如“红油肚丝”“红油鸡块”“红油猪耳”等。

实例17

红油毛肚

原料：

主料：熟牛毛肚250g。

调味品：食盐3g、味精2g、生抽5g、香醋5g、红辣椒油30g、花椒油10g、生姜10g、大蒜10g。

工艺流程：

毛肚切片→生姜去皮洗净切末、大蒜拍松剁碎→毛肚以及调味品放盆中拌匀→成品（可以用姜汁、蒜汁拌，或用姜末、蒜茸直接拌）。

特点：

红油明亮，香咸鲜辣味浓。

15.酸辣味型

是在咸鲜味的基础上，加上酸、辣味调味品，俗称酸辣味型，由酸味和辣味调味品调配而成，主要呈酸味和辣味的味型。此味型是以咸味、鲜味、酸味和辣味调味品构成。换言之，以食盐、味精、香醋、白酱油、红油、芝麻油等调配而成。此风味特点是香辣咸酸、鲜美，清爽利口。如“酸辣肚尖”“酸辣莴笋丝”“酸辣黄瓜”等。

实例18

酸辣黄瓜

原料：

主料：新鲜黄瓜 400g。

调味品：食盐5g、味精2g、香醋5g、花椒4g、白糖10g、干辣椒20g、生姜10g、花生油30g、麻油5g。

工艺流程：

黄瓜洗净→切蓑衣刀，成蓑衣黄瓜→用盐拌匀腌制40分钟→生姜去皮洗净切细丝，干辣椒切丝，同花椒用花生油炸香→加入腌制的黄瓜中→加入味精、麻油拌匀→再腌制2小时→成品。

特点：

黄瓜爽脆，酸辣味浓，形状美观。

16.麻辣味型

在咸鲜味的基础上，加辣味和麻味调味品，俗称麻辣味型。此味型是以咸味、辣味和麻味调味品构成。主要由食盐、白酱油、辣椒油、花椒粉、味精、白糖、芝麻油调配而成。此味型风味特点是：辣麻咸香，味厚不腻，四季皆宜。此味凉菜常用。此味是最典型的川味味型之一，地方色彩浓厚，风味独特，其应用范围是以鸡、牛、羊等家禽、家畜肉类和家畜内脏为原料的菜肴。如“麻辣牛肉”“麻辣鸡片”“夫妻肺片”等。

实例19

麻辣牛肉

原料：

主料：生净牛肉500g。

调味品：料酒5g、精盐5g、酱油5g、花椒5g、干辣椒5g、桂皮1g、香油20g、白糖5g、葱25g、姜25g、清汤250g、花生油500g（约耗20g）。

工艺流程：

牛肉洗净→用刀将净牛肉切成长约5cm、宽3cm、厚0.5cm的片→葱姜去皮洗净切段和片，拍松→牛肉片放在盆中，用葱姜、料酒腌1小时→牛肉入七成热油锅炸熟→捞出控油→炸葱姜、辣椒、花椒等香料→加入清汤、料酒、精盐、白糖、酱油，再倒入炸好的牛肉片→微火将汁㸆浓→成品。

特点：

色泽明亮，牛肉干香，麻辣味浓。

17.煳辣味型

煳辣味型的菜都用炝炒一法，取其辣椒的干香与煳辣，以大火把辣味炝进新鲜的原料中，枯焦与新鲜结合，在鲜、咸、酸、甜、麻味的基础上，带有焦煳辣味，俗称煳辣味型。具体操作就是将干辣椒节投入五成热的油中小火炸至棕褐色，下花椒小火炸出麻香味，再投入原料烹制。这样操作，可以使干辣椒在热油的作用下完全释放出其中的辣味，进而变成煳辣味。与花椒搭配，还可以使煳辣味和花椒的麻香味渗透到原料中去，吃起来是麻辣醇香；而不只是表面有味。此味型是以鲜味、咸味、酸味、甜味、辣味和麻味调味品构成。此味风味特点是香辣咸鲜，回味

▲麻辣牛肉

酸甜。此味凉菜常用，应用范围是以家禽、家畜肉类以及蔬菜等为原料的菜肴。如“炝肚块”“炝绿豆芽”“炝莴笋丝”等。应注意的是，辣香是这种味型的重点。这种辣香，是通过热油将葱、姜、蒜、花椒粒、干红辣泼淋之后，产生的味道，即煳辣味。

实例20

炝平菇

原料：

主料：平菇400g。

调味品：食盐4g、花生油40g、干辣椒5g、花椒2g、葱10g、味精0.5g、芝麻油5g。

工艺流程：

平菇洗净→焯水→过凉→控干水分→葱去皮洗净切成马耳朵形→平菇加入盐和葱拌匀→花生油烧至五成热，放入干辣椒、花椒炸香倒入平菇中→加入味精、麻油拌匀→成品。

特点：

辣香味浓，平菇鲜嫩。

18.芥末味型

是在咸鲜酸味的基础上，加芥末，俗称芥末味型，此味型是以芥末味、咸味、鲜味、酸味和辣味调味品构成。换言之，以食盐、醋、白酱油、芥末糊、味精、芝麻油调配而成。食盐、醋、芥末糊、味精、芝麻油、酱油的比例为2∶3∶3∶0.2∶2∶1.5。此风味特点是咸酸鲜香，芥末冲辣，清爽解腻。此味多应用于凉菜，应用范围是以鸡肉、鱼肚、猪肚、鸭掌、粉丝、白菜等为原料的菜肴。如“芥末肚丝”“芥末鸭掌”“芥末笋”等。

实例21

芥末鸭掌

原料：

主料：鸭掌300g。

调味品：芥末粉5g、料酒15g、葱15g、姜15g、精盐3g、味精2g、白醋1g、白糖1g、生菜油25g。

工艺流程：

鸭掌洗净→焯水→清水加葱姜、料酒煮熟→取出稍凉，拆净大小骨头→一切两块，整齐地装入盘中→芥末粉加入

▲炝平菇

▲芥末鸭掌

温开水10g，调匀→加入白醋、白糖、食盐、味精、生菜油拌匀→加盖焖30分钟左右→浇在鸭掌面上→成品。

特点：

芥末味浓，造型美观，鸭掌鲜爽。

19.鱼香味型

在咸鲜甜酸味的基础上，加泡红辣椒，俗称鱼香味型，此味型是以咸味、鲜味、甜味、酸味和辣味调味品构成。换言之，是以食盐、泡红辣椒、酱油、白糖、醋、味精、姜或泡姜、葱、蒜调配而成。此味风味特点是咸鲜甜酸辣兼备，葱姜蒜香气浓郁。鱼香味型是四川首创的三大味型之一。此味凉菜常用，其应用范围是以鲜虾类、瓜类、豆类等为原料的菜肴。如“鱼香豆角”“鱼香茄子”“鱼香豌豆”等。

实例22

拌萝卜丝

原料：

主料：白萝卜350g。

调味品：食盐4g、豆瓣10g、红泡椒2个、生油5g、醋30g、料酒20g、味精2g、胡椒粉1g、白糖15g、麻油5g、辣椒油25g、大葱10g、姜5g。

工艺流程：

白萝卜洗净切成细丝→放入少许盐拌匀，腌制10分钟→清水洗去多余的盐分，捞出挤去水分，放入盘中→红泡椒、生姜、大蒜切成末，葱切花→适量的生抽、味精、醋、白糖、麻油放入小碗中，搅拌成调味汁→热锅放油，下入花椒炸出香味后捞弃，再放入泡椒与姜蒜末，炒出香味→倒入调味汁，烧开后倒入碗中→凉凉→浇在萝卜丝上→成品。

特点：

色彩明亮，萝卜爽脆，鱼香味浓。

20.陈皮味型

是在咸鲜甜辣麻味的基础上，加陈皮，俗称陈皮味型，此味型由甜味和辣味及麻味调味品调配而成，主要呈甜味和辣味及麻味的味型。是以芳香、咸味、鲜味、甜味、辣味和麻味调味品构成。以陈皮、食盐、味精、酱油、白糖、红油、花椒、干辣椒节、醋、醪糟汁、葱、姜、芝麻油调配而成。此味风味特点是陈皮芳香，辣麻味厚，略有回甜。应用范围是以家禽、家畜肉类等为原料的菜肴。如“陈皮鸡”“陈皮牛肉”“陈皮兔丁”等。

▲ 拌萝卜丝

▲ 陈皮兔丁

实例23

■ 陈皮兔丁

原料：

主料：兔肉500g。

调味品：大葱25g、姜10g、陈皮15g、干辣椒5g、食盐4g、白糖25g、酱油10g、花椒3g、香油20g、料酒15g。

工艺流程：

将兔肉剔除骨头洗净→切成小丁→陈皮用少量水浸泡2分钟，捞出，控去水分（陈皮水留用）→用精盐、料酒、姜片、葱段拌匀码味约30分钟，过油至色红、干香→干辣椒、葱姜、花椒、陈皮烹出香味→放入兔肉、泡陈皮汁水、鲜汤→加入精盐、白糖、酱油、料酒，用小火慢慢收汁入味→汤汁将干时，放味精、香油→成品。

特点：

咸鲜麻辣，陈皮芳香，肉质酥软。

21.怪味味型

怪味味型是四川首创的三大味型之一。在咸鲜味的基础上，以咸味、鲜味、甜味、酸味、辣味和麻味调味品构成，俗称怪味味型。是以食盐、红白酱油、红油、花椒粉、白糖、醋、芝麻酱、芝麻油、熟芝麻、味精、葱花、姜米、蒜米调配而成。此味风味特点是咸、甜、麻、辣、酸、鲜、香并重而协调，在菜肴内均有体现，使食者有所感觉。多应用于冷菜式。应用范围是以鸡肉、鱼肉、兔肉、花生仁、核桃仁、蚕豆、豌豆等为原料的菜肴。如“怪味鸡丝”“怪味花生仁”“怪味酥鱼”等。

实例24

■ 怪味鸡

原料：

主料：光鸡半只约600g。

调味品：食盐3g、酱油13g、醋5g、味精2g、香油10g、白糖10g、花椒粉5g、芝麻酱10g、辣椒油10g、熟芝麻10g、葱花5g、姜末5g、蒜茸5g。

工艺流程：

光鸡洗净→煮熟→过凉→改刀装入盘中→各种调味品放碗中搅拌均匀成味汁→将味汁浇在鸡的上面→成品。

特点：

诸味兼有，鸡肉鲜嫩。

22.果味味型

在果味的基础上加上甜味，俗称果味味型，归属甜味味型。由纯酸甜味调味品调配而成，主要呈纯酸甜味的味型，果汁和白糖的比例一般为3∶1。如“柠檬红果”“果汁大枣”等菜品。

实例25

柠檬瓜条

原料：

主料：嫩冬瓜500g。

调味品：柠檬汁200g、绵白糖100g、青红丝5g。

工艺流程：

冬瓜去皮、籽，洗净→切成约5cm×1cm×1cm的条→焯水→过凉→控干水分→加柠檬汁、绵白糖拌匀，腌渍1小时→成品。

特点：

色泽橘黄，甜酸适宜，口感爽脆。

▲柠檬瓜条

23.烟熏味型

烟熏味型也称烟香味型，主要用于熏制以肉类为原料的菜肴，以稻草、柏枝、茶味、樟叶、花生壳、糠壳、锯木屑为熏制材料，利用其不全燃烧时产生的浓烟，使腌渍上味的原料再吸收或黏附一种特殊香味，形成咸鲜醇浓、香味独特的风味特征。熏料中盐、茶叶、樟叶、锯木屑、松柏、白糖的比例为1∶5∶5∶5∶5∶2。烟香味型广泛用于冷、热菜式，应根据不同菜肴风味的需要，选用不同的调味品和熏制材料。

▲熏肠

实例26

熏肠

原料：

主料：生猪肉香肠500g。

调味品：红糖100g、茶叶25g。

工艺流程：

香肠用温水刷洗干净、上笼蒸熟→有盖铁锅，刷净→将红糖均匀地撒在锅底，再撒上茶叶→放上铁箅子→将香肠摆放在上边→加锅盖上小火→熏料在锅内生烟→熏10分钟左右离火→打开锅盖凉凉→成品。

特点：

肉质醇香，烟熏味浓，风味别致。

24.泡椒味型

泡椒味型在冷菜中应用广泛，近年来在新派川菜中，它将泡辣椒鲜香微辣、略带回甜的特点应用到冷菜中。泡椒，俗称“鱼辣子”，是川菜中特有的调味品，具有色泽红亮、辣而不燥、辣中微酸的特点，以其酸辣鲜爽的口感而闻名。好的泡椒味香色正，根根硬朗，老而弥香，食之开胃生津，令人欲罢不能。

常见的冷菜如泡椒鹅翅、泡椒凤爪等，是用泡好的野山椒等作料来腌泡原料，使原料具有泡椒风味的一种方法。适用于冷菜，也适用于热菜。

实例 27

泡椒凤爪

原料：

主料：鸡爪1500g。

调味品：袋装泡椒（带泡椒水）1000g、料酒50g、花椒粒10g、食盐5g、味精3g、麻油10g。

工艺流程：

鸡爪洗净→剪去鸡爪指甲→改刀→焯水→清水加花椒、料酒煮至鸡爪断生→捞出过凉→泡椒及泡椒水倒入盆中→加入等量凉开水→加入食盐、味精、麻油→倒入鸡爪→浸泡24小时→成品。

特点：

鸡爪脆爽，泡椒味浓，咸辣微酸。

▲ 泡椒凤爪

25.沙拉味型

沙拉味型是近年来中菜西做应用较为广泛的一种味型，冷菜中应用普遍。沙拉，在西餐中意思为冷菜。在西菜中，沙拉的种类很多，无论家禽、家畜、海产品、蛋类以及各种生熟蔬菜和水果，都可用作沙拉的原料。制作沙拉时要求刀法整齐，成菜色泽鲜艳，口味突出酸、甜、香、辣。在中菜西做的应用中，常用一些沙拉酱来拌制一些果蔬冷菜，应用广泛。在欧洲沙拉酱种类齐全，而我们国内品种不全。一般分为：肉类沙拉酱、蔬菜类沙拉酱、水果类沙拉酱。肉类沙拉酱有蒜茸沙拉酱、浅胡椒蒜茸沙拉酱、黑胡椒沙拉酱、咖喱沙拉酱、辣椒沙拉酱等。蔬菜沙拉酱有香醋沙拉酱、蛋黄沙拉酱、海鲜沙拉酱、火腿沙拉酱、玉米沙拉酱等。水果沙拉酱有奶油沙拉酱、水果沙拉酱等。

▲水果沙拉

实例28

■水果沙拉

原料：

主料：苹果1个、菠萝1个、橘子2个、猕猴桃2个、圣女果10个。

调味品：沙拉调味品100g。

工艺流程：

水果洗净初加工→改刀→拼摆盘子成图案形状→浇上沙拉→成品。

特点：

造型美观，酸甜适口。

26.酒香味型

此味型广泛用于热菜、冷菜中，冷菜中多用于醉制鲜活虾、蟹以及家禽、家畜、水产及部分蔬菜等为原料的菜肴。其口味特点主要体现为：酒香浓郁，咸鲜醇厚。在各种“酒香味”调味品的运用当中，要尽可能保持酒的香气不被散失或在加热过程中尽量减少散失。由于不同菜肴的风味所需，还常酌情选用葱、姜、蒜、胡椒粉、白糖、红曲汁、香油以及少许香料（如花椒、丁香、八角等）和适量普通酱油、糖色（多为调色）等。

实例29

■花雕熟醉蟹钳

原料：

主料：梭子蟹钳500g。

调味品：葱50g、老姜50g、大蒜子50g、香叶10g、草果20g、茴香30g、桂皮20g、花雕酒750g、高度白酒30g、白酱油150g、盐10g、香糟卤100g、味精20g、纯净水100g。

工艺流程：

蟹钳洗净拍松→沸水汆2分钟至熟→用纯净水冲凉→所有调味品调成醉汁→静置24小时→放入蟹钳→浸泡2小时→成品。

特点：

蟹肉鲜嫩，酒香味浓。

▲醉蟹钳

五、冷菜调味汁制作

冷菜调味汁，是通过各种调味品混合在一起，形成一种适口的复合型口味的汁状调味品，适应于凉菜的浇汁或拌在冷菜中，也有的直接将调味品放在菜肴中拌制。冷菜调味汁的类型很多，一种冷菜味型可以调制出多种调味汁。在具体的运用中，有些调味汁比较复杂，有些调味品地方性较强，有些比例为了适应地方性的口味，在用量上也各有不同。也有的调味品，各品牌成分不一，咸度、色泽等也有变化，因此，厨师在制作调味汁时，应根据具体情况，使用调味品计量。以下一些调味汁的制作举例，特别是在调味品的比例和具体用量上，仅供厨师们参考，方便大家操作。制作好的调味汁，在具体使用上，要根据菜肴的数量，酌情使用调味汁的量。

1.咸鲜味汁（白汁味）

口味：咸鲜。

用料：食盐20g、味精20g、葱白30g、姜末30g、碎八角5g、碎花椒5g、料酒50g、麻油50g。

制作：将以上调味品加清汤或开水500g调拌均匀后煮制原料或浸泡即成。

适合范围：此味汁多用于肉类、鸡鸭及腑脏卤制凉菜的调味，也适用于部分蔬菜、豆类，如盐水鸡、盐水虾、盐水毛豆等。有些浇拌类凉菜，也可用白酱油调制而成，亦称“白汁味”，如浇淋白肚、白鸡等。

说明：咸鲜味汁很多，此处咸鲜味以白色为主，不使用有色调味，一些地方也称为“白汁味”。煮制的使用料酒，直接用于浇拌的不使用料酒。

2.酱油汁

口味：咸鲜。

用料：酱油（或生抽）100g、味精20g、白糖10g、香醋30g、麻油30g。

制作：将以上调味品加清汤或开水100g调拌均匀后即成。

适合范围：此味汁多用于各种无味熟制的肉类、鸡鸭及腑脏等，也适用于部分蔬菜，褐红色，用于拌食或蘸食。如酱油鸡、酱油牛肉、调黄瓜等。

▲ 凉拌金钱肚

3.虾油汁

口味：咸鲜。

用料：虾油100g、姜20g、酱油50g、香油40g。

制作：姜洗净切末，加水取汁，锅中放入酱油、盐、虾油、姜汁中火烧沸，停火后加入香油搅匀即可。

适合范围：适用于新鲜的动植物性原料，如虾油冬笋、虾油鸡片等。

说明：也有个别地方用虾籽、精盐、味精、麻油、绍酒、鲜汤制作而成。做法是先用麻油炸香虾籽后，再加调味品烧沸，为白色咸鲜味。在没有虾油的情况下，还可用海米加入适量水文火烧开，加热，然后挤压过滤，即制成虾油汁。

4.蟹油汁

口味：咸鲜。

用料：熟蟹黄200g、精盐8g、姜末20g、绍酒50g、鲜汤500g。

制作：蟹黄先用植物油炸香后，加调味品和鲜汤烧沸，为橘红色咸鲜味。

适合范围：多适用于动物性原料，如蟹油鱼片、蟹油鸡脯、蟹油鸭脯等。

5.蚝油汁

口味：咸鲜。

用料：耗油100g、鲜汤100g、白糖30g、麻油20g、葱段1根、姜片数片。

制作：先将葱段爆香，再加入姜片爆香，加鲜汤烧沸，捞弃葱姜，加入其他材料一起煮滚即可，为咖啡色。

适合范围：用以拌食各种动植物性原料，如蚝油鸡、蚝油肉片、蚝油芦笋等。

6.韭味汁

口味：咸鲜韭香味。

用料：腌韭菜花100g、味精10g、麻油30g、鲜汤100g。

制作：腌韭菜花用刀剁成茸，然后加调味品和鲜汤调和即可。

适合范围：拌食荤素菜肴皆宜，如韭味里脊、韭味鸡丝、韭菜口条等。

7.蒜茸油汁

口味：咸鲜蒜香味。

用料：蒜茸250g、精盐约50g、味精30g、白糖15g、料酒

▲爽口拌青笋

50g、白胡椒10g、花生油300g。

制作：将以上调味品及蒜茸同置一容器中拌匀，再用花生油烧至六成热后倒入调味品中，搅拌均匀即成。

适合范围：此蒜茸汁是油汁型味汁，拌食荤素菜肴皆宜，如蒜油肚丝、蒜油千张、蒜油茄子等。

8.蒜泥味汁

口味：咸鲜蒜辣味。

用料：蒜泥250g、精盐50g、味精50g、白糖30g、料酒50g、白胡椒20g、麻油50g。

制作：将以上调味品加入清汤或凉开水750g搅拌均匀，然后放入色拉油及小麻油，拌匀即成。

适合范围：拌食荤素菜肴皆宜，如蒜泥白肉、蒜泥黄瓜、蒜泥茄子等。

说明：此配方汁可直接淋入装盘的鸡丝、肚丝、拌白肉等凉菜中，也可拌入原料，然后装盘。蒜泥味汁一般用于白煮类凉菜，所以不用酱油。其口味特点是蒜香浓郁，咸鲜开味。

9.咸香味汁

口味：咸鲜香。

用料：蒜茸200g、姜末50g、十三香粉20g、精盐约30g、味精粉20g、白糖10g、白胡椒粉10g。

制作：将以上配方置碗中，再将色拉油250g入锅烧热，倒入调味品中拌匀即成。

适合范围：此咸香味汁常用于凉菜咸香鸡、白切鸡、白肚的拌制调味。此制法是根据粤菜方法调制。

10.麻酱汁

口味：咸香。

用料：芝麻酱30g、鲜汤30g、盐2g、醋5g、味精2g。

制作：芝麻酱加入少许鲜汤稀释，用筷子沿一个方向搅拌，使芝麻酱和鲜汤融合，继续加入鲜汤搅拌成均匀的麻酱汁；加入醋搅拌均匀，加盐、味精调味即可。

适合范围：拌食荤素原料均可，如麻酱拌豆角、麻汁黄瓜、麻汁海参等。

说明：调麻酱汁最关键的是稀释麻酱的时候要一点点加入鲜汤，边加边沿一个方向搅拌，使麻酱汁成均匀光滑的流动状态即可；芝麻酱和鲜汤的比例大概为1∶1，但是芝麻酱本身有的稠一些，有的稀一些，所以加的时候一点点加，适量就可以。

▲晾衣白肉

11.香糟味汁

口味：咸鲜糟香。

用料：红糟100g、绍兴酒100g、精盐20g、味精20g、花椒末5g、姜末10g、葱白末20g、白糖10g。

制作：将以上调味品加鲜汤200g，在锅中烧开，凉凉即可，料酒、葱白出锅后再放入。

适合范围：此配方可直接浇入切好的凉菜中，如果为整块白鸡、白肉等，可将原料用此味汁浸泡入味后再改刀装盘。

说明：酒糟有红糟和白糟之分，可根据不同原料性质，选择酒糟。浸泡原料的味汁，可将花椒、姜、葱等整块放入。

12.酒醉汁

口味：咸鲜酒香。

用料：白酒75g、料酒20g、鲜汤500g、食盐10g、米醋10g、味精10g、大葱丝30g、姜丝25g、香菜10g、麻油5g。

▲ 葱油鸡

制作：将调味品加鲜汤调匀后加入白酒，也可加入一点酱油成红色。醉制的原料浸泡在醉汁中两小时以上即可。

适合范围：用以拌食水产品、禽类较宜，有生醉和熟醉之分，生醉如醉青虾、醉蟹等；熟醉如醉鸡脯、醉鸭掌等。

说明：各地醉法不一，也有的地方不用白酒，使用上等的黄酒，量大味浓；有的还加入一些洋葱、辣椒等。要选用质量上乘的白酒。

13.葱油味汁

口味：咸鲜葱香。

用料：香葱末150g（要葱白）、洋葱末100g、精盐30g、味精20g、白胡椒10g、白糖10g、料酒50g、花生油200g。

制作：用料为生油、葱末、精盐、味精。葱末入油后炸香，即成葱油，再同调味品拌匀，为白色咸香味。用以拌食禽、蔬、肉类原料，如葱油鸡、葱油海蜇等。

适合范围：葱油味汁常用于白鸡、白肚丝、白肉丝的调味，其味型特点是葱香、咸鲜、解腥、提味等，多用于春夏季节。

14.姜油汁

口味：咸鲜辛味。

用料：姜茸200g、精盐30g、味精30g、白糖10g、料酒50g、花生油250g、白醋50g。

制作：花生油烧至六成热后倒入姜茸，炸香后，加入250g鲜汤，然后加入以上调味品，搅匀后装入容器中，即成。

适合范围：此姜茸呈油水混合汁，淡黄色咸香味，用以拌食禽、蔬、肉类原料，如姜油母鸡、姜油豆苗等。

15.姜汁味汁

口味：咸鲜微辣。

用料：去皮净姜250g、白醋100g、精盐50g、白胡椒15g、味精25g、色拉油100g、麻油50g。

制作：将净姜剁成姜茸，加凉开水750g及以上调味品搅拌呈姜汁状后调入麻油即成。

适合范围：常用于一些新鲜的动植物性原料，可浇汁也可拌入，如姜汁海蜇、姜汁鸡丝、姜汁菠菜等。

16.花椒油汁

口味：麻香。

用料：川花椒150g、生姜50g、大蒜50g、葱白100g、八角5g、色拉油1500g。

制作：色拉油烧至五六成热，将花椒、八角炒出味，投入生姜、大蒜、葱白炸香，再下入，锅离火，凉凉后打去料渣即成。

适合范围：适用于炝、拌类冷菜中，用于需要突出麻味和香味的食品中，可随时取用，能增强食品的风味。如椒油鸡、椒油笋片、椒油鱼丁等。

17.椒麻汁

口味：咸麻辛香。

用料：花椒30g（去籽）、小葱150g、香醋30g、食盐15g、味精15g、麻油30g、色拉油50g。

制作：将花椒斩成粉末，小葱切末后与花椒粉同斩成茸，然后加入以上调味品拌匀即成。为绿色咸香味。

适合范围：此味汁多用于动物性凉菜的拌制调味，其干炸制品的凉菜则用于味碟。拌食荤食较多，味型特点是麻、香、咸鲜。如椒麻鸡、椒麻兔丁、椒麻茄子等。忌用熟花椒。

18.芥末油

口味：辛辣。

用料：籽粒饱满、颗粒大、颜色深黄的芥末籽。

制作：将芥末籽称重，加入6～8倍37°C左右的温水，浸泡25～35小时→粉碎浸泡后的芥末籽放入磨碎机中磨碎，磨得越细越好，得到芥末糊→用白醋调整芥末糊的pH值为6左右→将调整好pH值的芥末糊放入水解容器中置于恒温水浴锅内，在80°C左右保温水解2～2.5小时→将水解后的芥末糊放入蒸馏装置中，采用水蒸汽蒸馏法，将辛辣物质蒸出→蒸馏后的馏出液为油水混合物，用油水分离机将其分离，得到芥末精油→调配，将芥末精油与植物油按配方比例混合搅拌均匀，即为芥末油。

适合范围：芥末油分黑芥末油和白芥末油两种。常用于一些蔬菜和刺身以及肉类拌食。

说明：芥末油制作复杂，一般餐饮行业不能直接制作，主要使用一些成品，利用方便。

19.芥末糊

口味：辛辣。

用料：芥末粉200g、精盐30g、味精15g、白醋50g、料酒50g、白糖10g、麻油50g。

▲椒麻鸡

制作：用芥末粉加香醋、白糖、水调和成糊状，为淡黄色咸香味，静置半小时后再加调味品调和，直接淋入或拌入原料中。

适合范围：用以拌食荤素均宜，如芥末肚丝、芥末鸡皮、芥末苔菜等。

说明：现在市场上多用制作好的芥末膏，与香醋、味精、麻油等调制，使用方便。

20.咖喱味汁

口味：辛辣。

用料：咖喱粉75g、精盐30g、洋葱末100g、味精15g、料酒30g、花生油200g。

制作：用花生油将洋葱末略炸后，再倒入咖喱粉及以上调味品拌匀即成。

适合范围：用咖喱味汁可直接淋入熟制的动物性原料凉菜，如咖喱牛肉、咖喱鸡丝等，也可将腌制的鱼块、鸡块炸熟后收汁。其味型特点是咸辣、鲜香、开胃。

说明：也可用咖喱粉制作咖喱油，直接用于一些冷菜。用料为辣椒末、咖喱粉、姜、蒜、洋葱。做法是将调味品下熟菜油烧至四成热，炒制，待炒透喷出香味。禽、肉、水产都宜，如咖喱鸡片、咖喱鱼条等。

21.烟熏味

口味：辛辣。

用料：茶叶150g、白糖或红糖100g、果木屑150g。

制作：先将原料放在盐水汁中煮熟，然后在锅内铺上木屑、白糖、茶叶，加箅，将煮熟的原料放箅上，盖上锅用小火熏，使烟剂凝结原料表面。注意锅中不可着旺火。

适合范围：禽、蛋、鱼类皆可熏制，如熏鸡脯、熏五香鱼等。

说明：烟熏有生熏和熟熏两种，烟熏料各地用法不一，用量视原料多少而定，因此制作上视具体情况而定。由于烟熏无法做成调味汁，因此要事先直接制作成品。

22.酱醋汁

口味：咸酸味型。

用料：酱油或生抽30g、香醋10g、胡椒粉2g、麻油10g、味精2g。

制作：将上述调味品放碗中搅拌均匀即可。

适合范围：用以拌菜或炝菜。

Sauce

TASK 2

说明：酱油或生抽较咸，因此一般不再使用食盐，荤素皆宜，如炝腰片、炝肞肝等。

23.酱汁

口味：咸鲜回甜。

用料：甜面酱400g、味精15g、白糖30g、色拉油100g、麻油50g、鲜汤100g。

制作：先将甜面酱炒香，加入白糖、味精、鲜汤、麻油熬制片刻即可，为赭色咸甜浓稠状。

适合范围：用来酱制菜肴，荤素均宜，适合于京酱拌白肉、京酱拌鸡丝、京酱拌里脊丝、京酱拌豆芽等凉菜。

24.糖醋汁

口味：酸甜。

用料：白糖50g、米醋50g、精盐2g、麻油2g。

▲萝卜小菜

▲青笋拌木耳

制作：将调味品放碗中搅拌均匀至白糖溶化即可，或在锅中烧开冷却。

适合范围：糖醋汁常用于凉菜中动植物性原料，如糖醋排骨、糖醋小萝卜等。

说明：糖醋汁中可加入适量的盐，俗语说“要想甜，加点盐”就是这个道理。可将糖醋汁倒入原料浸泡，也可在原料中直接加入各种调味品。调和成汁后，拌入主料中，用于拌制蔬菜，如糖醋萝卜、糖醋番茄等。也可以先将主料炸或煮熟后，再加入糖醋汁炸透，成为滚糖醋汁。多用于荤料，如糖醋排骨、糖醋鱼片等。还可将糖、醋调和入锅，加水烧开，凉后再加入主料浸泡数小时后食用，多用于泡制蔬菜的叶、根、茎、果，如泡青椒、泡黄瓜、泡萝卜、泡姜芽等。

25.山楂汁

口味：酸甜山楂味浓。

用料：山楂糕100g、白糖30g、白醋50g、桂花酱2g。

制作：将山楂糕打烂成泥后加入调味品调和成汁即可。

适合范围：如楂汁马蹄、楂味鲜菱、珊瑚藕等。

26.柠檬汁

口味：酸甜柠檬味。

用料：新鲜柠檬汁30g、白糖20g、桂花酱5g。

制作：将上述调味品拌匀或直接拌在原料中腌制即可。

适合范围：多用于拌制植物性的蔬菜、果类，伴有淡淡的苦涩和清香味道。如柠檬瓜条、柠檬水果等。

说明：也可用浓缩的柠檬果汁或果酱拌制菜肴。

27.茄味汁

口味：酸甜茄汁味。

用料：番茄酱200g、白糖300g、香醋100g、食盐5g、白醋50g、色拉油200g。

制作：将番茄酱用油炒透后加白糖、食盐、白醋、水调和。

适合范围：多用于拌熘菜，如茄汁鸡片、茄汁藕、茄汁马蹄等，可浇汁，也可蘸食。

▲ 红油猪蹄

28.红油汁

口味：复合香辣味。

用料：红油100g、味精10g、白糖30g、料酒15g、精盐10g、熟芝麻15g、鲜汤750g。

制作：将上述调味品搅拌均匀即可。

适合范围：可调制成味汁浇淋凉菜，也可直接拌入冷菜中，如红油鸡、红油牛肉、红油肚丝等。

说明：各地红油汁制作有异，但以适应当地口味需要为准。此配方仅供参考。

29.青椒汁

口味：咸辣。

用料：青辣椒100g、精盐5g、味精5g、麻油10g、鲜汤50g。

制作：将青辣椒切剁成茸，加调味品和鲜汤调和成汁即可。

适合范围：多用于拌食荤食原料，如椒味里脊、椒味皮蛋、椒味豆腐等。

说明：根据辣度选择青辣椒品种，也可适当加入一点酱油上色。为绿色咸辣味。

30.胡椒汁

口味：咸鲜微辣。

用料：胡椒粉5g、精盐4g、味精3g、麻油10g、蒜泥10g、鲜汤30g。

制作：将上述调味品搅拌均匀即可。

适合范围：多用于炝、拌肉类和水产原料，如拌鱼丝、鲜辣鱿鱼、炝腰片等。

31.鲜辣汁

口味：辛辣。

用料：生抽15g、白糖3g、麻油5g、小米椒末15g、鲜汤20g。

制作：将上述调味品搅拌均匀即可。

适合范围：常用于一些蔬菜和刺身以及肉类拌食或蘸食。如白水鸡、蘸汁黄瓜、蘸汁牛肉等。

32.姜醋汁

口味：酸香辛味。

用料：香醋50g、生姜30g、麻油5g。

制作：将生姜切成末或丝，加醋调和，为咖啡色酸香味。

适合范围：适宜于拌食鱼虾，如姜末虾、姜末蟹、姜汁肴肉等。

33.三味汁

口味：鲜香辛辣味。

用料：蒜泥30g、生姜末30g、青椒末30g、食盐5g、生抽5g、香醋5g、味精3g、麻油5g。

制作：将上述调味品搅拌均匀即可。

适合范围：用以拌食荤素皆宜，如炝菜心、拌肚仁、三味鸡等，风味独特。

34.麻辣汁

口味：咸鲜麻辣。

用料：

①红油海椒30g（或红油100g）、花椒粉20g、红酱油30g、精盐10g、味精10g、白糖20g、料酒30g、姜末20g、麻油10g、鲜汤50g。

▲ 麻辣牛肉

②手搓干辣椒15g、青花椒面8g、食盐3g、酱油10g、味精5g、芝麻酱10g、辣鲜露5g、白糖10g、醋5g、花生酱5g、大蒜10g、老姜水10g、红油30g。

制作：将上述调味品搅拌均匀即可。

适合范围：常用以拌食主料，荤素皆宜，如麻辣鸡条、麻辣黄瓜、麻辣牛肚、麻辣腰片等。

说明：麻辣汁各地制作风格迥异，但都要突出麻和辣。

35.酸辣味汁

(1) 以老陈醋和新鲜小米椒为主调制的酸辣味。

口味：酸辣味咸鲜酸辣。

用料：新鲜小米椒100g、老陈醋75g、蒜泥20g、葱粒10g、生抽20g、精盐5g、矿泉水250g。

制作：将新鲜小米椒去蒂洗净，剁成茸状或切成圈形备用。接着把蒜泥放在小盆内，加入矿泉水搅匀，再依次加入改刀的小米椒、葱粒、美极鲜味汁、老陈醋、酱油、精盐、味精等调匀即可。

适合范围：常用以拌食主料，荤素皆宜，如酸辣鸡条、酸辣蘑菇、酸辣猪手等。

说明：小米椒定辣味，用量可根据食者的口味确定，分特辣、中辣。老陈醋提酸味，用量应做到酸而不烈。若用量多，味道太酸，使人无法接受。此味汁不加任何油脂，这样酸辣味才醇。为了保证味汁的清爽酸辣的口味，最好用矿泉水或冷开水。

(2) 以醋和芥末为主的酸辣味。

口味：酸辣味具有香、辣、鲜、冲。

用料：芥末粉15g、米醋100g、精盐5g、味精2g、香油8g。

制作：将芥末粉倒入碗内，加凉水用筷子搅成糊状，用保鲜膜封口，放蒸笼内蒸10分钟至发透，取出用筷子顺一个方向快速搅拌，使其散发出冲鼻的香辣味，然后加入香醋、精盐、味精和香油调和即成。

适合范围：常用以拌食主料，荤素皆宜，如芥辣肚条、酸辣笋丝、芥辣鸡等。

说明：芥末粉一定要蒸透，快速搅拌，使香辣味逸出。否则，口味发苦，影响菜肴质量。这是传统的使用法，现在人们为了省事，多使用芥末油。应根据个人爱好而定。

(3) 以醋和红油为主的酸辣味。

口味：咸酸香辣。

用料：红油50g、香醋50g、蒜末5g、精盐5g、酱油10g、麻油5g。

▲爽味佛手瓜

制作：将蒜末放入碗中，先加盐、味精和醋调匀，再加酱油、香油和红油调匀即成。

适合范围：常用以拌食主料，荤素皆宜，如酸辣鸡丝、酸辣莴苣、酸辣鱿鱼等。

说明：调制此种酸辣味时，红油提辣味，要选用上等的辣椒面和植物油炼制的红油，才能体现香辣色艳的品质，才能突出红油的辣味。

要掌握好醋和红油用量的比例，醋多红油少，或者反之，均达不到咸酸香辣的标准。

加少量蒜末，增加红油的味道；味精增鲜；红酱油增色；香油辅助增香，用量均不宜多。

36.鱼香味汁

口味：辛辣。

用料：姜末50g、葱白50g、泡红椒末50g、蒜泥50g、精盐15g、白糖20g、香醋30g、生抽50g、味精30g、红油100g、麻油50g。

制作：将以上调味品搅拌均匀即可。

适合范围：适用于白煮的凉菜中，如熟鸡片、肚片、毛肚、白肉丝等。

37.陈皮味汁

口味：辛辣。

用料：陈皮50g、碎干椒20g、花椒末15g、碎八角15g、精盐30g、白糖15g、料酒30g、姜片15g、葱白15g、红油100g。

制作：将陈皮剁成碎末，与以上香料放入锅中略炸后加入清水750g烧开。将卤汁倒入容器并淋入红油，焖泡30分钟后去掉碎渣物即成。

适合范围：本味汁可直接拌入或淋入装盘的凉菜中。而陈皮牛肉、陈皮白肚丁等凉菜可直接在锅中收汁上味，但要注意炒出红油味。

说明：味型特点是麻辣鲜香，陈皮味浓。

38.怪味味汁

口味：咸鲜酸辣甜等味。

用料：白酱油300g、姜茸30g、蒜茸30g、花椒粉10g、白糖15g、香醋75g、葱白30g、芝麻酱50g、味精20g、十三香粉（或五香粉）10g、麻油75g、料酒50g、红油100g。

制作：将以上调味品加入清汤或凉开水750g搅拌均

匀，然后放入色拉油及麻油拌匀即成。

适合范围：多用于动物性原料，直接浇淋凉拌菜，也可拌制凉菜。如怪味口条、怪味牛肉、怪味鸡等。

说明：有去腥、解腻、提味的作用，多适用于鸡、鸭、野味类卤制品的调味。此味型可将原料在锅中收汁，如肚丁、鸭丁、口条丁、牛肉丁等。味型咸甜、麻辣、酸香兼备。

39.鲜花椒酱汁

口味：鲜花椒味。

用料：袋装鲜花椒100g、大蒜10g、葱段10g、食盐2g、味精5g、白糖5g、香菜梗10g、生抽10g、麻油5g。

制作：将所有用料放入料理机内粉碎成茸，取出即可。

适合范围：适用于一些动物性原料，如拌猪肚、拌螺片等。

40.五香味汁

口味：辛香。

用料：八角10g、桂皮5g、丁香2g、草果2g、甘草2g、香叶2g、砂仁2g、山柰2g、小茴香3g、食盐20g、料酒50g、酱油50g、白糖10g、味精10g、麻油100g、鲜汤1200g。

制作：将以上调味品加汤煮沸，再将主料加入煮浸到烂。

适合范围：将以上香料加清水或鲜汤，小火烧开5分钟后加入味料并倒入容器中，用小麻油封汁焖泡15分钟后即可使用。或直接用于煮制荤类原料，如五香牛肉、五香扒鸡、五香口条等。

说明：有时候，说是五香，实际上香料比较多。

41.糖油汁

口味：甜香。

用料：白糖50g、麻油20g。

制作：白糖和麻油搅拌在一起即可。

适合范围：多用于拌食蔬菜，为白色甜香味，如糖油黄瓜、糖油莴笋等。

42.腐乳汁

口味：咸鲜。

用料：腐乳50g、麻油10g、鲜汤100g。

制作：腐乳碾碎成泥，加入鲜汤和麻油调和均匀即可。

适合范围：用以拌食，荤素皆可，如腐乳虾、腐乳莴苣等。

43.色拉味汁

口味：鲜香。

用料：色拉酱100g、卡夫奇妙酱约30g、炼乳30g。

制作：色拉酱、卡夫奇妙酱、炼乳同置碗内搅拌均匀即成。

适合范围：常用于各种水果丁、黄瓜丁、土豆丁（需焯水）的拌味使用，能起到增味、增香、增鲜、增色的效果。

44.酒醉花生汁

口味：酸甜酒香味。

用料：白砂糖150g、食盐5g、陈醋150g、味精5g、花雕酒150g、白酒10g。

制作：将所有用料放入锅内，大火烧开，凉凉即可。

适合范围：用来拌花生。

说明：白酒和花雕酒都是容易受热挥发的原料，所以一定要后期加入。味汁的浓稠度比较低，可以增加少量的蚝油。

▲花生

任务三 冷菜装盘技艺

▲象拔蚌拼三文鱼

冷菜的装盘，拼摆手法较多。一般来讲，原料准备好后，首先要根据要求，对原料进行修整，然后刀工处理后进行拼摆装盘，特别是对一些花色拼盘，要使其图案生动、造型美观、形象逼真。对原料采用的修整手法有直刀法、平刀法、斜刀法等，有时还需特殊刀法和雕刻手法，如批、刻、戳、挑、挖、花纹刀、波浪刀，甚至还要使用一些模具，如鸡心形、蝴蝶形等。整个过程程序较多，特别是在花色拼盘的制作中，要注意各个环节的连续性。

从形式上来看凉菜的拼摆方法有单盘、双拼盘、三拼盘、四拼盘、什锦拼盘等，形式有排列式、堆放式、环围式、码摆式等。

一、冷菜的装盘技艺

1.排：将熟料平排成行地排在盘中。排菜的原料大多用较厚的块状或腰圆块、椭圆形，便于切配形状。排可有各种不同的排法，如将火腿修成锯齿形切片，逐层排叠可以排出多种花色。

2.堆：就是把熟料堆放在盘中。一般用于单盘。堆也可配色成花纹，有些还能堆成很好看的宝塔形。

3.叠：是把加工好的熟料一片片整齐地叠起，一般叠成梯形，然后托起放入盘中的底料上。

4.围：将切好的熟料排列成环形层层围绕。用围的方法可以制成很多的花样。有的在排好主料的四周围上一层辅料来衬托主料，叫作围边。有的将主料围成花朵，中间另用辅料点缀成花心，叫作排围。

5.摆：是运用各式各样的刀法，采用不同形状和色彩的熟料，装成各种物形或图案等。这种方法需要有熟练的技术，才能摆出生动活泼、形象逼真的形状。

6.覆：是将熟料先排列在碗中或刀面上，再翻扣入盘中或菜面上。

二、花色拼盘的拼摆手法

花色拼盘的拼摆手法，是花色拼盘造型生动的关键所在。花色拼盘的拼摆手法是否合理得当，直接影响到花色拼盘的造型。因此，要了解花色拼盘的各种拼摆手法，以便在制作中灵活运用。

1.排拼法

排拼法是花色拼盘制作中最常用的手法，就是将经过刀工处理成型的原料整齐有规律地拼摆在盘中，讲究排列有序、比例协调，形状有锯齿形、圆形等，如蝴蝶、宫灯等花色拼盘。

2.堆制法

堆制法是把加工成型或不规则形状的较小的原料，按花色拼盘图案的要求，码放在盘中，是一种较为简单的拼摆手法。一般花色拼盘的垫底多用于此法，堆制法可采用一种原料，也可采用多种原料，一般形状有馒头形、宝塔形、卧式形、山川形等。

3.叠砌法

叠砌法就是将刀工成型的原料，一片片有规则地码起来，形成一定图案，多用于鸟类的翅尾制作，一般选用片形原料，随切随砌，是一种比较精细的拼摆手法。刀工成型整齐美观，制作时，随切随砌，完成后用刀铲起原料，盖在垫底的原料上，也可切片在盘中叠砌成型。如桥形、馒头形、什锦拼盘等。

4.摆贴法

摆贴法就是运用巧妙的刀法，把原料切成特殊形状，按构思要求，摆贴成各种图案，多用于禽鸟、人物、树叶、鱼鳞等，是一种难度较大的艺术操作手法，需要具备熟练的拼摆技巧和一定的艺术修养。

5.雕刻法

雕刻法就是运用雕刻的手法对原料进行成型处理后，组拼在盘中的图案上，如鸟的眼睛、嘴、爪及动物类、动画类人物的一些部位，在孔雀开屏、龙凤呈祥等图案中应用较多。要求制作者雕刻的技术精细、熟练，雕刻出的形态生动、结构比例准确。

6.模具法

模具法可分为模压法和模铸法。模压法就是运用各种空心模具，将原料压成一定形状，再按花色拼盘图案的要求进行切摆，形状统一、美观，如孔雀的羽尾、禽鸟的羽毛等。模铸法就是将制作好的冻液，浇在一定形状的空心模具中，使其成为一定的图案，然后将成型的图案摆放在盘中，如拼摆的蓝天、海面等。

7.卷制法

卷制法是将原料改成薄片或使用薄片的原料，包馅或不包馅进行卷制，然后经过刀工处理后进行拼摆成型的手法，如白菜卷、紫菜蛋卷等。一般来说，卷制法色彩鲜艳，摆制的造型美观。

8.裱绘法

裱绘法是指将裱花蛋糕的技法应用于花色拼盘制作中，是将一定色彩、味型的胶体原料，装入特殊的裱绘工具中，在盘中或主题图案上挤裱绘制一定的图案或文字，起到衬托美化作用。

三、冷菜拼摆注意事项

(1) 要注意颜色的配合和映衬。

各种颜色要搭配合理，相近的颜色要间隔开。

(2) 硬面和软面要很好地结合。

各种不同质地的原料要相互配合，软硬搭配，能定型的原料要整齐地摆在表面，碎小的原料可以垫底。

(3) 拼摆的花样和形式要富于变化。

要注意多样化，一桌酒席中的冷拼不能千篇一律，要多种多样。

(4) 要选择合适的盛器。

要注意盛装器皿的选择，使原料与器皿协调。

(5) 要注意口味上的搭配。

要防止带汤汁的不同口味的原料互相串味，一只冷拼要尽量多种口味。此外，拼摆冷拼时还要特别注意卫生。

(6) 要注意季节的变化。

夏季要清淡爽口，冬季可浓厚味醇。

▲ 芒果糕

项目2 ITEM TWO 冷菜制作技法

▲ 龙腾四海

任务一 拌

拌是指把生料或熟料加工成丝、条、片、块等较小形状，用调味品调味拌制均匀后直接食用的一类烹调方法。按原料的生熟程度可分为生拌、熟拌、混合拌等，成品清爽脆嫩。

拌菜在冷菜制作中较为常见，拌法因而成为冷菜材料制作的最基本方法之一。拌制菜品由于其“成熟”方法比较简单，因而对原料加工形状有一定的要求。通常情况下，拌菜是以丝、条、片、小块等形态出现。在调味上，追求的是清淡、爽口，故调味中往往以无色调味品居多，较少使用有色调味品，特别是深色调味品。由于拌菜所需的成品质感要求脆嫩，因此在选料时通常是新鲜脆嫩的植物性原料，如黄瓜、莴苣等。

拌菜的操作过程极为简单，通常是直接将调味品投入原料中，经过一小段时间后食用，以便于入味。有时拌菜中还会出现多种原料，此时应尽量保持各种原料的料形一致，尽可能使原料的色彩搭配和谐、美观大方。

拌是一种常用的烹调方法，其用料广泛，荤、素均可，生、熟皆宜，其口味变化很多，如甜酸味、酸辣味、芥末味、椒麻味、怪味、麻酱味、麻辣味等。常用的调味品有精盐、酱油、味精、白糖、芝麻酱、辣酱、芥末、醋、五香粉、葱、姜、蒜、香菜等。一般以植物性原料作生料，以动物性原料作熟料。

拌制菜肴选料要精细，刀工要美观。尽量选用质地优良、新鲜细嫩的原料。一般切成丁、条、丝、片等小型形状，便于拌制，还可以扩大原料与调味品接触的面积。因此，刀工的长短、薄厚、粗细、大小要一致，有的原料剞上花刀，这样既能入味，还美观。

拌制菜肴要注意色和味的搭配，要注意调色，以料助香。拌凉菜要避免原料和菜色单一，缺乏香气。可适当配以其他色彩原料，从而使菜肴色彩艳丽，也可以使用一些有色调味品对拌菜进行上色。由于一些原料，特别是一些植物性原料香味不足，一般总离不开香油、麻酱、香菜、葱油之类的调味品。

拌制菜肴的口味多样，调味要合理。各种冷拌菜使用的调味品和口味要求有其特色，有的适合于清淡，有的适合于浓郁，要根据食客的爱好，进行多口味拌制，但清淡口味较多。

凉拌蔬菜在焯水时，须用开水焯熟，冷却凉凉应注意掌握好火候，原料的成熟度要恰到好处，要保持脆嫩的质地和碧绿青翠的色泽；老韧的原料，则应煮熟烂之后再拌。

凉拌菜制作时，必须十分注意卫生。原料要清洗干净，切制时生熟分开，还可以用醋、酒、蒜等调味品杀菌，以保证食用安全。

有诗云：

“原料改刀丝或片，主辅两料同入碗；浇上麻油盐糖醋，拌透装盘味美鲜。”

▲桃园三结义

一、生拌

1.概念

生拌一般是指选用新鲜嫩度好的动植物性原料，在原料加工好后不进行加热，直接用调味品搅拌均匀的一种方法。

2.工艺流程

选料→切配→加入调味品→调拌→装盘。

3.操作要求

(1) 须选择可食性生料，选用新鲜、脆嫩、无污染的原料；

(2) 要注意色彩的搭配，可选用一些色彩鲜艳的蔬果原料，搭配拌制，从而使菜肴色彩鲜艳；

(3) 加工过程中，原料要保持清洁卫生，清洗干净，刀工要精细、均匀、美观；

(4) 拌制时，调味要准确、拌制要均匀；

(5) 随吃随拌，不可放置过长时间，因为盐等调味品有渗透作用，容易出水，影响菜肴质量；

(6) 加工过程中要注意卫生，包括刀具、砧板，拌制的工具、餐具等，防止交叉污染；

(7) 装盘时，要根据原料的多少选择餐具，装盘要美观大方。

4.特点

质地脆嫩，色彩鲜艳，口味变化多端。

5.相关菜例

糖醋番茄、蒜泥黄瓜、蚝油莴苣、时令小乳瓜、生拌苦菊等。

▲时令小乳瓜

二、熟拌

1.概念

熟拌是将加工整理原料用煮、氽等烹调方法，把原料烹制成熟切配后加入调味品及辅料，拌制均匀，装盘成菜的一种凉菜的制作方法。

2.工艺流程

选料→熟处理→切配→加入调味品→调拌→装盘。

3.操作要求

(1) 选用新鲜、质地鲜嫩、易于成熟的原料；

(2) 动物性原料要视原料的老嫩，充分加热使之熟透，但不能熟制过老；

(3) 植物性原料焯水要开水下锅，以断生为宜，焯水后应迅速摊凉，若要过凉，需用凉白开或矿泉水，不可用自来水，以保持其质地脆嫩、色彩鲜艳；

(4) 拌制时，调味要准确，拌制要均匀；

(5) 加工过程中，要注意质、形、色的配合，许多熟拌的菜肴，特别是动物性原料，需要一些植物性原料来搭配，要注意色彩和形状，要丁配丁、条配条，整齐美观；

(6) 随吃随拌，特别是植物性原料，不可放置过长时间，防止出水；

(7) 加工过程中要注意卫生，防止刀具、砧板、器皿等交叉污染；

(8) 装盘时，要根据原料多少和色泽，选用适当的餐具装盘，装盘要美观。

4.特点

鲜嫩爽口，色彩鲜艳明亮，口味变化多端。

5.相关菜例

蒜泥白肉、手撕鸡、拌牛肉、拌鱼片、拌菠菜、拌绿豆芽、拌蘑菇等。

Cooked food

TASK 1

▲ 手撕鸡

▲ 熟拌裙带菜

三、混合拌

1.概念

混合拌，是指原料有生有熟或生熟参半，经切配后，再以味汁拌匀成菜的方法。具有原料多样，口感混合的特点。

2.工艺流程

选料→切配→加入调味品→调拌→装盘。

3.操作要求

(1) 选用的原料要新鲜，要注意选用质、形、色能相互搭配的原料；

(2) 动物性原料须充分加热使之熟透，各种原料刀工处理要一致；

(3) 植物性原料焯水要开水下锅，以断生为宜，且应迅速摊凉，以保持其质地脆嫩、色彩鲜艳；

(4) 调味要准确，拌制要均匀；

(5) 要注意有些生料具有调味的作用，如青椒、蒜苗等，注意口味搭配；

(6) 随吃随拌，特别是植物性原料，不可放置过长时间，防止出水；

(7) 加工过程中要注意卫生，特别是生料；

(8) 装盘要美观。

4.特点

色彩鲜艳，口味多样，鲜嫩爽口。

5.相关菜例

青椒拌里脊丝、黄瓜拌海螺、黄瓜拌鱼片、香椿拌豆腐、大葱拌牛肉等。

▲ 手撕牛肉丝

▲ 风味手撕猪心

▲ 黄瓜拌海螺

任务二 腌

腌是将原料用以盐、糖、醋、酒为主的调味品拌和、涂抹或浸渍，排除原料部分水分和异味，盐味渗入，便于原料入味，使腌制食品保持原有的清脆、味香的一种方法。

在腌制过程中，主要调味品是盐，其他的还有糖、醋、酒等，但盐腌用到最多。腌制菜品的植物性原料一般具有口感爽脆的特点，动物性原料则具有质地坚韧、香味浓郁的特点。腌制的原料一般适用范围较广，大多数的动、植物性原料适宜于此法成菜。

在实际操作过程中，要根据具体口味要求选用腌制的方法。这里之所以未将其他教材中出现的腌风、腌腊等纳入分类法中，是因为腌风和腌腊仅是一种初加工的方法，而不是冷拼材料的成熟方法。经过腌风和腌腊的原料尚须经过蒸或煮后方可成菜，故不作为一种分类形式，至于腌拌，其实际仍是盐腌。

腌制的成品脆嫩清爽，风味独特。按调味品不同分为：盐腌、醋腌、酱腌、醉腌、糟腌、糖醋腌、果汁腌。

含水分少的原料可以加水腌制，也可直接腌制；含水分多的原料可直接用调味品擦抹表面或直接用调味品腌制。

腌制时间的长短可根据季节、气候、原料的质地、大小等，视情况而定。一般来说，冬季腌制时间稍长，夏季腌制时间略短；动物性原料腌制时间较长，植物性原料腌制时间较短。

肉类腌制品在烹调前可以用清水泡洗，除去部分咸味和腥味，蔬菜制品要沥去水分再制作。

也有将原料置于某种调味汁中，利用精盐、糖、醋、酒等溶液的渗透作用，使其入味。成品脆嫩清爽，风味独特。由于腌制需要一定的时间，因此，腌制的时间要视原料及成品菜肴不同的要求和特点而定。

有诗云：

“去腥解腻除腥膻，入味上色香气添；菜肴成熟味渗透，成品紧韧色泽鲜。”

▲ 腊八大蒜

▲腌白菜

一、盐腌

1.概念

盐腌是把原料放入盐水中浸渍或用盐拌和的腌制方法，是冷菜制作中最常用的方法之一，它也是各种腌制方法的基础工序。

此法操作简单易行，操作中注意原料必须是新鲜的，且用盐量要准确。经过盐腌的原料，水分溢出，盐分渗入，可以保持原料清鲜脆嫩的口感。如“酸辣黄瓜”“辣白菜”“姜汁莴笋”等。

2.工艺流程

选料→整理→加入调味品→腌制→切配→装盘。

3.操作要求

(1) 盐腌类菜肴，一般选用新鲜可生食的蔬果类较多，含水量较大的蔬菜，腌制时容易出水，要注意盐的浓度；

(2) 要掌握好腌制的时间，保证原料腌透，植物性原料腌制时间较短，肉类原料腌制时间较长，小型原料腌制时间较短，大型原料腌制时间较长；

(3) 加工时要根据腌制的咸度进行处理，太咸要用水洗去部分盐分或提前泡制，以保证咸度；

(4) 腌制好后，要根据口味再进行调味，赋予菜肴各种口味。

4.特点

色彩鲜艳，口味清爽，质感脆嫩。

5.相关菜例

腌黄瓜、腌酸辣白菜、腌莴苣、腌蒜薹、腌香菜等。

▲爽口贡菜

Salt

TASK 2

二、醉腌

1.概念

醉腌是以绍酒（或优质白酒）和精盐作为主要调味品进行腌制的一种方法。

用于醉腌的原料一般都是动物性原料，通常是禽类和水产类居多。如果是水产品，则通过酒醉致死，不需加热，经过一段时间后即可食用；若是禽类原料，则通常要煮至刚熟，然后置于卤汁中浸泡，经过一段时间后便可食用。醉腌制品按调味品的不同可分为红醉（有色调味品，如酱油、红酒、腐乳等）与白醉（无色调味品，如白酒、盐等），从原料加工过程又分为生醉（用活的原料直接腌制）、熟醉（用经加工的半成品腌制）。浸卤中成味调味品的用量应略重一些，以保证成品菜肴的口味，浸泡必须经过一段较长时间后方可食用，否则不能入味。常见的菜例如“醉蟹”“醉鸡”“醉虾”等。

2.工艺流程

选料→加工整理→加入调味品酒→腌制→切配→调味→装盘。

3.操作要求

（1）生醉腌一般选用鲜活的虾、蟹等水产品，熟料可以选用鸡、鸭等熟制后用酒腌制；

（2）醉腌用酒，但不可过量，要适当选用质量好的酒类，可以用黄酒，也可以用高度白酒；

（3）除用酒以外，其他调味品使用要注意，要突出醉腌的风味；

（4）生醉腌不需加热，可以直接食用，但腌制的时间较长，熟醉腌要用汤汁浸泡腌透。

4.特点

质地鲜嫩，酒香浓郁，风味独特。

5.相关菜例

醉虾、醉蟹、醉鸡、醉蛋等。

▲ 花雕醉蟹

▲ 醉蛋

▲ 醉虾

▲ 冷菜烹调

三、糟腌

1.概念

糟腌是以香糟卤和精盐作为主要调味品的腌制方法，就是把原料经过煮或焯水处理后再用盐和糟卤或糟油腌渍。糟腌的食物，也称糟货，大多在夏季食用，具有清淡爽口、糟香入味的特点。糟料分红糟、香糟、糟油三种。糟腌多用鸡、鸭、肉、蹄、爪等原料，一般是原料在加热成熟后，放在糟卤中浸渍入味而成菜。

糟腌之法类同于醉腌，不同之处在于醉腌用酒（或酒酿），而糟腌则用糟卤（亦称香糟卤）。冷菜中的糟制菜品，一般多在夏季食用，此类菜品清爽芳香，如“糟凤爪”“糟毛豆”等。

2.工艺流程

选料→加工→熟处理→加入糟汁→糟制→调味→装盘。

3.操作要求

（1）要根据不同原料，酌定糟制煮熟处理所需时间。鲜嫩的原料，加热时间短些，以断生为好；质地老的原料加热时间长些，以煮到熟而不烂为好，不可煮得过于酥烂，影响成菜质感。

（2）要根据菜肴选用合适的香糟，白色菜选用白糟最好，有色菜多选用红糟，也可以使用糟油。

（3）原料在盐腌时可略咸一点，因为在糟卤中腌泡过，原料还将走失一部分咸味。

（4）要注意香糟不可加热，否则会产生酸味。

4.特点

清淡爽口，糟香味浓，风味独特。

5.相关菜例

糟油鸡、糟腌凤爪、糟猪手、糟油鸡翅、糟鹅掌等。

▲ 酱腌黄瓜

▲ 酱腌萝卜

四、酱腌

1.概念

酱腌是将原料用酱油、黄酱等浸渍的腌制方法。酱腌多采用新鲜的蔬菜，经加工处理干净后，直接入酱液中浸泡。

2.工艺流程

选料→切配→入酱液浸泡→切配→装盘。

3.操作要求

(1) 应选用质脆、易于腌制的原料；

(2) 根据原料的特点和菜肴的风味，选用适当的酱料；

(3) 要根据酱料的咸度，使用适当的酱料，控制好口味；

(4) 为防止原料出水，降低风味，原料不可腌制过早。

4.特点

色泽红润，酱香味浓，爽脆适口。

5.相关菜例

酱腌黄瓜、酱腌萝卜、酱腌茄子、酱腌豆角、酱腌肘子、酱腌辣椒等。

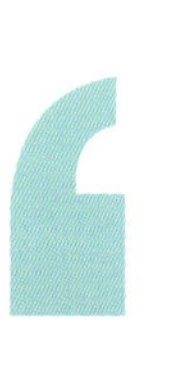

根据原料的特点和菜肴的风味，选用适当的酱料。

▲ 酱腌拼盘

▲糖醋萝卜

▲糖蒜

▲荸荠

五、糖醋腌

1.概念

糖醋腌是以白糖、醋作为主要调味品的腌制方法。在经糖醋腌之前，有的原料须经过盐腌这道工序，使其水分泌出，便于渗进糖醋成分，也可直接用糖醋腌制入味。

2.工艺流程

选料→加工→加入糖、醋→腌制→成品。

3.操作要求

（1）多选用质脆的植物性原料，特别是一些根茎、鲜果类，保持菜肴的口感爽脆；

（2）原料多加工成小型形状，便于腌制入味；

（3）糖醋的比例要恰当，不可过甜或过酸，糖醋的比例一般为1∶1；

（4）为防止原料出水，降低风味，原料不可腌制过早，一般随吃随腌；

（5）菜肴一般保持原色，白色菜肴不要选择深色的醋。

4.特点

酸甜适口，质感脆嫩。

5.相关菜例

糖醋蒜、糖醋萝卜、糖醋黄瓜、糖醋荸荠、糖醋藕等。

Vinegar

TASK 2

六、醋腌

1.概念

醋腌是以白醋、精盐作为主要调味品的腌制方法。菜品以酸味为主，稍有咸甜口味。

2.工艺流程

选料→加工→白醋、精盐→腌制→成品。

3.操作要求

(1) 选择原料以质感脆嫩的植物性原料为主，加工成小型形状；

(2) 注意使用醋的用量，不可过酸，视菜肴色泽要求，可选用白醋，也可选用其他醋；

(3) 醋腌以酸味为主，兼及咸、甜、辣等口味均可；

(4) 醋腌的原料，要求质感脆嫩，因此原料要腌透。

4.特点

质脆爽口，色泽鲜艳，酸味突出，兼及咸甜辣等口味。

5.相关菜例

酸黄瓜、酸辣椒、酸豆角、酸蘑菇、酸萝卜等。

▲酸辣椒

▲腌蒜瓣

▲酸豆角

七、果汁腌

1.概念

果汁腌是以果汁作为主要调味品，直接腌制入味的腌制方法。一般选用可生食的蔬菜、水果等。常用的果汁有柠檬汁、荔枝汁、杧果汁、山楂汁等。可拌在原料中，也可直接浇在改好刀的原料上。

2.工艺流程

选料→加工→加果汁→腌制→成品。

3.操作要求

(1) 选择原料以质感脆嫩的植物性原料为主，加工成小型形状，便于原料入味；

(2) 注意使用质量好的果汁，以黏稠、味浓为佳，也可使用一些果粉，加入加工好的原料中拌制腌透；

(3) 原料不需要加其他任何调味品，直接加入果汁，或将原料浸泡在果汁中；

(4) 注意腌制的时间不可过长，防止出水过多，影响果汁浓度和口味。

4.特点

质感爽脆，果味浓郁，色泽美观。

5.相关菜例

柠檬瓜条、果味黄瓜、山楂藕、橙汁藕片、果汁萝卜皮等。

▲ 橙汁藕片

▲ 百香果九年百合

▲ 水晶冬瓜球

任务三 酱

1.概念

酱是指经过加工整理的原料，先用盐或酱油等调味品腌制入味，经焯水或油炸，放入用酱油、糖、料酒、香料等调味品制成的酱汤中，用旺火烧开，撇去浮沫，中小火较长时间加热酱制入味成熟，旺火收汁的一种热制冷吃的烹调方法。酱多选用于家禽、家畜及其四肢、内脏等作为原料。

酱有两种：一种是把食物放在酱卤中浸成，如酱蚶（包括白煮或熟后酱成）；另一种是先用盐擦，腌一定时间后洗干净，用卤制成，烧稠至紫酱色，卤汁包黏在食物上面，色光亮，吃口咸中带甜，如酱鸭、酱肉等。

2.工艺流程

选料→刀工处理→浸泡→腌制→焯水→入锅酱制→收汁→捞出冷却→改刀装盘。

3.操作要求

(1) 多选用于家禽、家畜及其四肢、内脏等韧性较大的肉品作为原料。

(2) 原料酱制前要进行腌制，大块的原料可改成小块，便于原料入味和成熟。

(3) 原料酱制前要浸泡、焯水等初加工和熟处理，以便去除血污和异味。

(4) 酱汤的配制是保持菜肴口味的关键，除了用汤、盐、酱油或糖色等熬制外，兑制酱汁时调味品要足，汁的量不宜过多，以保持酱汁的色泽及浓度。酱汤的调制方法相对来说简单很多。要配制高质量的酱汤，提前用老鸡、棒子骨等荤料熬成汤料，然后在汤料中放入常用香料和简单的调味品，如盐、鸡粉、糖色等熬制而成。各种香料的配比十分重要，所以香料包的配比非常关键。

(5) 火候的控制。一般来说，酱汤烧开后才能下入原料，待酱汤再次烧开后立即转为小火加热。整个熟制过程中，酱汤始终保持似开非开的状态。

(6) 原料成熟后，应撇去汤、油脂和浮沫，用大火收浓汤汁，使黏稠的汤汁依附在原料的表面。

(7) 酱制过程中，原料要上下翻动，要求着色均匀，成熟时间一致。

(8) 酱制原料的口味以咸鲜、五香为主，可直接装盘食用，也可加入一些酱汁，不需再进行其他调味。

4.特点

色泽棕红明亮，口感软糯，原汁原味（适宜批量制作）。

5.相关菜例

酱牛肉、酱鸡、酱鸭、酱猪蹄、酱排骨、酱肘子等。

▲酱猪蹄

▲酱鸭

有诗云：

“原料放入酱锅中，多种香料汤汁浓；面酱酱油慢熬煮，菜肴成品颜色红。”

任务四 

卤就是将加工好的原料经焯水或油炸后，放入卤锅中，用大火烧开，再转用小火烹制，使各种调味品渗透到原料内部的一种“热制冷吃”的烹调技法。

卤法是制作冷菜的常用方法之一。加热时，将原料投入卤汤（最好是老卤）锅中用大火烧开，改用小火加热至调味汁渗入原料，使原料成熟或至酥烂时离火，将原料提离汤锅。卤制完毕的材料，冷却后宜在其外表涂上一层油，一来可增香，二来可防止原料外表因风干而收缩变色。遇到材料质地较老的，也可在汤锅离火后仍旧将原料浸在汤中，随用随取，既可以增加（保持）酥烂程度，又可以进一步入味。

卤菜的卤汁可长期使用，而且越陈越香。制作卤味食品的原料很多，如鸡、鸭、猪舌、肫肝、豆腐干等。

首先，调制卤汤。卤制菜肴的色、香、味完全取决于汤卤。行业中习惯上将汤卤分为两类，即红卤和白卤（亦称清卤）。由于地域的差别，各地方调制卤汤时的用料不尽相同。常用的调制红卤的原料有红酱油、红曲米、料酒、葱、姜、冰糖（白糖）、盐、味精、大茴香、小茴香、桂皮、草果、花椒、丁香等；制作白卤常用的原料有盐、味精、葱、姜、料酒、桂皮、大茴香、花椒等，将其加水熬成，俗称“盐卤水”。无论红卤，还是白卤，尽管其调制时调味品的用量因地而异，但有一点是共同的，即在投入所需卤制品时，应先将卤汤熬制一定的时间，然后再下料。其香料的配比，与酱制菜肴的酱制相比，卤制菜肴的卤水的香料搭配更为复杂。

其次，在原料入汤卤前，应先除去腥臊异味及杂质。动物性原料一般都带有血腥味，因此卤制前，通常要经过焯水或炸制等方法，一来使原料的异味去除，二来兼可使原料上色。

最后，把握好卤制品的成熟度。在卤制的过程中卤制的原料有时会出现破皮的现象，这说明火大

▲ 卤兔头

▲ 卤鸭

有诗云：

“原料码味一两天，捞出热水洗一遍；料包调味按菜量，卤投入味可装盘。”

▲ 卤鸭掌

卤制菜肴的色、香、味完全取决于汤卤。行业中习惯上将汤卤分为两类，即红卤和白卤（亦称清卤）。

汤急，所以在卤制一些乳鸽、鸭子、鸡等原料时，一定要将卤水的加热温度控制在95°C～98°C，使卤汤保持在似开非开的状态为宜。卤锅卤制菜品时通常是大批量进行，一桶卤水往往要同时卤制几种原料。不同的原料之间的特性差异很大，即使是同种原料，其个体差异也是存在的，这就给操作带来了一定的难度。因此，在操作的过程中，一是要分清原料的质地。质老的置于锅（桶）底层，质嫩的置于上层，以便取料；二是要掌握好各种原料的成熟要求。根据成品要求，灵活恰当地选用火候。习惯上认为，卤制菜品时，先用大火烧开再用小火慢煮，使卤汁之香味慢慢渗入原料，从而使原料具有良好的香味。

卤汁的量要宽，要将全部原料淹没，便于原料卤透，受热均匀。

对于同时卤制的多种原料来说，要防止相互串味。一般来说，卤制不同食材时最好采用专卤专用的方法。比如卤牛肉和牛杂、卤羊肉和羊杂、卤猪肉和猪杂、卤鸡和鸽子、卤鹅、卤豆制品、卤菌菇都要配制单独的卤水，不可混用，防止串味，失去原料本味。

老卤的保质也是卤制菜品成功的一个关键。所谓老卤，就是经过长期使用而积存的汤卤。这种汤卤，由于卤制过多种原料，并经过了很长时间的加热和摆放，所以其质量相当高。原料在加工过程中，呈鲜味物质及一些风味物质溶解于汤中，且越聚越多而形成了复合美味。使用这种老卤制作原料，会使原料的营养和风味有所增加，因而对于老卤的保存也就具有了必要性。卤水每天使用完后，老卤要妥善保存，不要用手接触卤汁，防止卤汁污染变质。卤制动物性原料时，煮开时要撇去血沫；卤好后要撇油，还要常常清除锅底的碎骨、渣滓，以防止卤汁腐坏。要定期清理，勿使老卤聚集残渣而形成沉淀；定期添加香料和调味品，使老卤的味道保持浓郁；取用老卤要用专门的工具，防止在存放过程中使老卤遭受污染而影响保存；使用后的卤水要烧沸，从而相对延长老卤的保存时间；要选择合适的盛器盛放老卤。

一、红卤

1.概念

卤汤中放有一定量的酱油、糖色或红曲水，使卤汁色呈棕红，卤制的菜肴色泽红润，这种技法称为红卤，若去掉配方中的有色调味品便成了白卤。

2.工艺流程

选料→原料经刀工处理，浸泡去除血污→（腌制）→焯水或过油熟处理→卤制入味→改刀装盘。

3.操作要求

(1) 卤制原料不宜过大，大块整只的可改成小块形状，以动物性原料为主，原料卤制前可先腌制入味；

(2) 动物性原料卤制前，应焯水或过油再卤制，便于去除一些异味；

(3) 卤制时火力不能大，应以小火加热，火力大容易使鸡、鸭等炸皮，影响美观；

(4) 卤汁要宽，卤汤全部淹没原料，使原料受热均匀；

(5) 卤制时，易熟的原料或体积小的原料，容易成熟，可先捞出再继续卤制其他原料；

(6) 卤汁应保持干净卫生，不可沾入生水或不洁之物，及时烧开冷却存放；

(7) 卤制的菜肴可直接切配装盘，也可浇入卤汁调味。

4.特点

色泽美观，口感鲜美，鲜香醇厚。

5.相关菜例

卤牛肉、卤烧鸡、卤猪蹄、卤大肠、卤蛋、卤牛肚等。

▲ 卤蛋

▲ 卤牛肉

二、白卤

1.概念

卤汤中不放酱油、糖色或红曲水等有色色素，卤汁无颜色，卤制的菜肴呈白色或本色，这种技法称为白卤。

2.工艺流程

原料→刀工处理→腌制→预或熟处理→卤制入味→改刀装盘。

3.操作要求

(1) 多选用质老韧性大的动物性原料，也可选用一些蔬菜等原料；

(2) 预卤的原料须先经油炸或焯水，以除去部分血水和异味；

(3) 制作卤汤时，所用香料应用洁布包好，以防汤水浑浊；

(4) 卤汁要宽，全部淹没原料，使原料受热均匀；

(5) 卤汤内切忌卤制豆制品和易发酸，带膻、腥异味的原料；

(6) 取用原料时，不可用手指接触卤汤，应使用专门的工具；

(7) 每次卤完食品后，要将卤汤重新置于火上烧开，撇尽油沫，放置凉爽处，不要乱动，卤汤要定期加热，定期更换香料袋；

(8) 卤制的菜肴可直接切配装盘，也可浇入卤汁调味。

4.特点

口味清淡，口感爽口，香味浓郁。

5.相关菜例

白卤鸡、白卤牛肝、白卤羊肉、白卤猪蹄、白卤海带等。

▲ 白卤牛肝

▲ 白卤鸡

▲ 白卤大肠

附：卤和酱的区别

一是从用料来讲。酱法只用生料，且仅限于禽畜肉类原料及内脏。而卤的用料就非常多样，既可以卤制生料，也可以卤制熟料，除了禽畜肉类及内脏外还可以卤禽蛋、豆制品、菌菇、海鲜等。

二是从香料和调味品来讲。酱汤常用的香料就是基本香料，而熬制卤水使用的香料就非常复杂，除了常规使用的香料外，往往还会添加类似香茅、蛤蚧、南姜和一些中药材。在调味品的选择上，制作酱汤的调味品就是简单的盐、糖色、酱油和鸡粉，而熬制卤水的调味品相对来说比较复杂，除了盐、糖色、酱油和鸡粉，还会根据所卤食材的不同加入鱼露、花雕酒，甚至还有鲍鱼酱、排骨酱。

三是从味型来讲。酱汤的味型相对来说比较单一，就是咸鲜味、五香味两种。卤水则分为白卤和红卤两种，根据调味品的不同，呈现更加丰富的味道。

任务五 熏

▲ 香肠

熏就是将经过腌制加工的原料经蒸、煮、卤、炸等方法加热预熟（或直接将腌制入味的生料）置于有锅巴、茶叶、木屑、柏枝、大豆、大米、茶叶、竹叶、花生壳、糖等熏料的熏锅中，加盖密封，利用熏料烤炙散发出的烟香和热气熏制成熟及增加风味的方法。熏制菜品以其烟香味独特而受到人们的青睐，制品红亮光润，香气独特。熏有生熏、熟熏之分，生熏一般使用鲜嫩易熟的原料，如鱼、鸡、鲜笋等。

熏制时锅盖一定要严密不透气，熏料的量要适当，根据所用原料严格控制好火候及熏制时间，烧至冒青烟时要及时转入小火并迅速离开火源，否则色泽过重，会使主料带有煳味。生熏的火候应小于熟熏，时间要比熟熏略长些。熏制的时间一般从冒烟开始熏10分钟即可。将主料取出及时刷匀麻油即成，具有香味特殊、色泽光亮的特点。

熏制菜肴的原料多用动物性及海味品，如猪肉、鸡、鸭及蛋类等。极少数的植物性原料也可用于此法。熏制的原料一般都是整只或整块、整条的，熏制前一般要经过水烫卤制或加味煮制、腌味蒸制等方法处理。熏制时，需用熏锅。在熏锅内撒匀适量红（白）糖、茶叶、锅巴等置于慢火上，在熏料上置熏架，摆上需熏原料，加盖。待烟弥漫于锅内约5分钟后，将熏制的原料翻身，再熏制约3分钟后，将锅离火，至锅底冷却即成。原料应保持在高温下熏制，原料在温度降低或冷却时熏制则不易上色，烟香味也不易渗入原料；若多料熏制时，摆放原料要有间隔距离，不宜过紧，不宜重叠，以使原料受熏均匀，上色一致，并且在熏制时保持恒温和密封，从而使烟香缓慢走失。另外，原料熏制成熟后，应在其外表涂抹一层油，能增其香味，同时会使原料油润光亮。

烟中含有酚、甲酚、醋酸、甲醛等物质，它们能渗入内部，防止微生物的繁殖，所以烟熏不仅能使其干燥，而且有防腐作用，有利于食物的贮藏。烟熏方法有敞炉熏（即熏缸熏）以及密封熏（即熏锅熏）两种。敞炉熏即在普通火炉的燃料（或在火缸内放几根烧红的木炭）上撒一层木屑，木屑上加少许糖，使冒出浓烟，再将原料挂在钩上或用篾薪盛着在烟上熏制。密封熏即把糖和木屑等铺在铁锅里，上面搁一铁丝熏篮，将食物放在篮内加盖，然后将铁锅放在微火上烘，使糖和木屑燃烧冒烟熏制。敞炉熏，因浓烟分散，应在无风处进行操作，并将食物翻动。密封熏则用料省，时间短，熏得均匀，收效好。

熏是厨房中较常用的烹饪技法，且可操作性强，较适用于肉、禽、蛋、豆制品等原料。成菜滋味隽永、鲜香醇厚，既可热吃，又可冷食，既可作为喜庆筵席的冷拼，也可作为日常餐桌的小菜。按照熏料的不同，可大致分为：

纯糖熏： 只用白糖做熏料，潍坊诸城的熏猪蹄、熏鸡背用的便是这种方法，东北的熏肠也采取这种方法，应是从山东流传而来。糖熏的作用一是上色，二是使食材带上焦糖的熏香。

柏木熏： 此法发源于河北张家口，代表产品是柴沟堡熏肉，其用料是在纯糖熏的基础上加了柏木刨花，熏制出来的成品会带有柏木清香。然而这种"糖柏合熏"常常会使原料沾染上一种类似"焦糖烧过了头"的苦涩味，针对这个问题，柴沟堡人用"一勺肉汤"成功化解：在原料即将熏完、锅边无烟冒出时，舀一勺煮肉的老汤从锅盖缝里浇入热锅壁上，老汤受热蒸发，肉香气就被"焖"进了熏肉中，苦涩气息也被完全遮住。

樟木熏： 这是南方常用的熏制手法，代表产品为川菜中的樟茶鸭。北方的熏法均为熟熏，即将原料卤制成熟、入味后再熏制，而樟木熏则是先将生料腌制入味，再悬挂于半空，底下点燃樟木屑焐出烟，熏至色泽泛黄、皮带芳香，走菜时再蒸或煮。

谷糠熏： 这是湖南人熏制腊肉的特殊手法，将腌好的肉穿上绳子后，挂进熏房半烟半火熏烤两三天即成。熏腊肉的燃料有很多，树枝、锯末、花生壳皆可，以谷糠效果最佳，熏出的腊肉香气足且色泽红亮。

目前厨房中常见的茶糖小米"三料合熏"方法，是大厨们在糖熏法基础上的灵活运用。如果用的茶叶好，确实有增香效果，但只适合少量制作，若是批量制作成本太高；而如果用太次的茶叶，则基本没有增香作用，不如不用。

熏的操作关键：

选料： 正确选料是做好烟熏菜肴的先决条件。首先，在原料上须选用新鲜、质嫩的动物性原料，如鸡、鸭、鹅、鱼、肉等，在选用鸡时应以当年仔鸡为好，鸭则宜选用嫩鸭。其次，在选择生烟原料时，为了保证成菜具有烟香浓郁的特点，须选用香味浓郁且细小的材料，如樟木屑、松柏枝、茶叶、竹叶或米锅巴、甘蔗渣等。

腌渍： 腌渍处理是提高成菜口味的重要一环，但在实际操作中，经常有厨师由于认识不到该过程的重要性，随意加料腌渍或缩短腌渍时间，所以根本无法达到渗透入味的目的，最终，导致菜肴味道不足且腥味较重。

在腌渍时，先要用干净的抹布将原料里外的水分及血污揩干，再用精盐、料酒、葱姜等料擦匀全身。在腌渍时间上，应根据原料的质地情况来决定，如对于鱼类的腌渍，一般30分钟即可入味；而对于鸡、鸭、鹅等，则需腌渍两小时以上。

上色： 虽然原料在烟熏过程中，熏烟里所含有的酚类和醛类可以形成烟熏食品中的大部分色素成分，但是这种颜色暗灰，在菜肴中往往被认为是不美观的色泽。因此，为保证菜肴在烟熏后能达到色泽艳丽、金黄油亮的效果，就需要在烟熏前对原料进行上色处理。

常用的方法是：在原料表面均匀地抹上一层饴糖水、酒酿汁或酱油，然后放于风口处吹干，再进行熏制。

烟熏： 这个程序是整个烟熏技法的关键所在，要想较好地完成烟熏过程，突出菜肴的特点，必须正确掌握熏烟的性质及对烟熏火候的控制。

熏料中的木屑一般含有40%～60%的纤维素、20%～30%的半纤维素，以及20%～30%的木质素。在木屑分解时，表面和中心存在着温度梯度，外表面在缓慢燃烧时，而内部却正在进行着燃烧前的脱水。

在这个过程中，外逸的化合物有一氧化碳、二氧化碳以及某些挥发性的有机酸，而大多数木屑，在200°C～260°C时就有熏烟产生；温度达到260°C～310°C时，则会产生焦木液和一些焦油；当温度再上升到310°C以上时，则木质素裂解产生酚和其他衍生物。

Smoked

TASK 5

▲ 生熏肉

一、生熏

1.概念

生熏是指熏制前，制品仅是经过腌制入味的生料，熏后直接食用或熏后再经热处理制成菜品的一种烹制方法。

2.工艺流程

选料→初加工→腌制→准备熏料→熏制→改刀装盘。

3.操作要求

（1）生熏的原料不宜过大，宜选用质地细嫩、易熟的原料，若形态过大，可加工成小型形状，便于成熟；

（2）腌渍的原料，味、色不可太重或太淡；

（3）熏制所用燃物不能太干，太干烟味不浓，以略潮湿为好；

（4）严格控制火候，冒浓烟后即可改用小火，否则色泽过重，会使主料带有煳味。

（5）熏制时间要根据原料的性质而定，时间不宜长，待原料成熟即可，熏制时间过长，烟熏味浓，影响风味。

（6）应用菜叶垫底，以防原料黏合，成品表面应及时涂抹香油。

4.特点

质地鲜嫩，烟香味浓，色泽红润。

5.相关菜例

生熏白鱼、生熏乳鸽、生熏仔鸡、生熏黄鱼、生熏排骨等。

▲ 腊肉

▲ 腊肠

二、熟熏

1.概念

熟熏是指选用经过蒸、煮、炸等方法处理的半成品原料，熏制后直接食用的一种方法。熟熏的原材料，多用家畜的某些部位，整只家禽，以及蛋品、油炸过的鱼等。

2.工艺流程

选料→初加工→熟处理→准备熏料→熏制→改刀装盘。

3.操作要求

(1) 熟熏的原料要通过煮、卤、蒸等方法进行熟处理，使原料入味成熟；

(2) 熏制时火力不可过大，小火慢慢加热，不能产生浓烟，否则烟熏味太浓，影响风味；

(3) 熏制的时间不可过长，使烟熏味依附原料表面有烟熏味即可；

(4) 注意观察原料颜色，熏制颜色不可过重发黑；

(5) 熏制时锅盖一定要严密不透气，熏制均匀。

4.特点

色泽红润，烟香味浓，质地干香。

5.相关菜例

熏鸡、熏猪头肉、熏肚、熏肠、熏肉、熏豆腐等。

▲熏豆腐

▲熏肠

▲熏鸡

任务六 醉

▲醉蟹

醉是把原料用以优质白酒、精盐为主要调味品制成的味汁浸渍原料制成菜品的方法。醉制法适用于新鲜的家禽及虾蟹、贝类和蔬菜等原料。原料可整料醉制，也可加工成小型原料醉制。醉制按调味品的种类又分为红醉（用酱油）和白醉（用精盐）；按原料不同又分为生醉（鲜活）和熟醉（熟处理半成品）。如醉蟹、醉鸡、醉笋等。

醉是一种凉菜烹调方法。它是将生料或者熟料加入酒来腌渍入味的烹调方法。醉制的菜品鲜味浓郁，质感脆爽或鲜嫩，带有浓郁的酒香味。

以前，醉菜的选料多是虾、蟹、毛豆、鸭舌的食材，随着现代工艺的发展，很多不同的原料采用醉的方法来加工。比如鸭掌、鹅肝等。

有诗云：

“醉菜一般适江南，生醉熟醉花雕脆；原料新鲜需保证，调味入口放入坛。”

一、生醉

1.概念

生醉，是指原料经清洗醉腌后，直接食用的一种烹制方法。制作此类醉肴，一般是用鲜活的水产原料，如虾、蟹等，酒醉时，多用竹篓将鲜活的水产品放入流动的清水内，让其尽吐腹水，排空腹中的杂质，再晾干水分，放入坛中盖严，然后以精盐、白酒、绍酒、花椒、冰糖、丁香、陈皮、葱、姜等调味品制好的卤汁，掺入坛内浸泡，令其吸足醉汁，待这些原料醉晕、醉透，并散发出特有的香气后，直接食用。有的需要时间较长，7～30天，甚至更长，如醉蟹、醉螺等；有的则随醉随吃，如醉虾等。

2.工艺流程

选料→初加工→调醉汁→醉制→成品。

3.操作要求

(1) 必须选用鲜活原料，主要是无污染、无毒、无害、清洁卫生的一些植物性原料以及水产品；

(2) 醉制时要控制好时间，有的时间长，有的要现醉现吃；

(3) 醉制的料汁要按一定的比例配制好，要形成一定风味，特别是酒的浓度要掌握好，包括酒的品质和品种；

(4) 醉制的时间要根据季节和菜肴的特点而定；

(5) 盛器必须严格消毒，注意清洁卫生。

4.特点

鲜嫩爽口，酒香味浓，风味独特。

5.相关菜例

醉虾、醉螺、醉蟹、醉花蛤。

▲ 醉银蛤

醉制的菜品鲜味浓郁，质感脆爽或鲜嫩，带有浓郁的酒香味。

▲ 酒醉啫喱虾

▲醉蛋

▲醉海带丝

二、熟醉

1.概念

熟醉，是将原料加工成丝、片、条、块或用整料，经热处理后醉制的方法。热处理主要有三种方式：一是先水焯后醉，如山东醉腰丝；二是先蒸后醉，如醉冬笋；三是先煮后醉，如醉蛋。

2.工艺流程

选料→初加工→熟处理→调醉汁→醉制→刀工处理→装盘。

3.操作要求

（1）原料经过熟处理后，要掌握好原料的成熟度，保持原料的鲜嫩和原有风味；

（2）原料经过熟处理后，要改刀成小型的丁、条、片等，便于入味；

（3）醉制时要控制好时间，熟醉的时间过长，酒味太浓，时间过短，酒味不足；

（4）调制醉汁要掌握好调味品的比例，特别是酒的浓度要掌握好，包括酒的品质和品种。

4.特点

咸鲜适口，质地鲜嫩，酒香味浓。

5.相关菜例

醉腰丝、醉鸡、醉冬笋、醉咸鱼、醉鸭掌、醉蛋、醉海带丝等。

▲醉咸鱼

任务七 炝

炝是制作冷菜常用的方法之一。所谓炝，是将具有脆嫩质地的动植物性原料改成较小形状，焯水或滑油后，滤去水分或油分，用热花椒油炝生姜调制而成的一种烹调方法。炝制菜品尤其适用于夏季，成品无汁，口味辛香，脆嫩爽口。炝菜的调味品是相对固定的，有花椒油、精盐、味精、姜丝或姜末。一般动物性原料的成熟方法是上浆后滑油。炝的种类有焯水炝、滑油炝、特殊炝。

炝制菜品的一般原料以动物性原料为主，并且是经过加工后的小型易熟入味的原料；植物性原料的使用相对较少。炝制菜肴一般需要经过加热处理后入味，所以行业中习惯上将炝称为“熟炝”。

炝制菜品的制作方法，一般选用极其简单的成熟法，诸如“水汆”“过油”等，从而使原料的质感得到保证。炝制菜品在预熟时一般都未经过调味过程，因此要求料形是相对较小的，易于成熟和入味，通常是片、丝等形状。为了使炝制菜品具有浓郁的味道，在调味过程中以有一定刺激性味道的调味品为主，如胡椒粉、蒜泥等，并且经过调味后应当摆放一段时间，以便其充分入味。我国有些地区，也有将鲜活的小型动物性原料，辅以适当的调味品炝食的。因而在调味过程中，一般均加入一定量的白酒和胡椒粉，充分达到调味的效果，如“腐乳炝虾”等。

炝菜所用原料多是各种海鲜及蔬菜，还有鲜嫩的猪肉、鸡肉等。

(1) 原料熟处理以断生为好，保持脆嫩；

(2) 炝的菜肴不使用米醋、酱油之类的调味品，以保证菜肴的清淡无汁；

(3) 要用热花椒油；

(4) 调味需趁热调味，便于原料入味。

Cooking

TASK 7

▲ 鲜花椒拌螺片

一、焯水炝

1.概念

将改刀后的原料焯水，沥去水分后趁势加入调味品即成。

焯水炝是指原料经刀工处理后，用沸水焯烫至断生，然后捞出控净水分，趁热加入花椒油、精盐、味精等调味品，调制成菜，凉凉后上桌食用。对于蔬菜中纤维较多和易变色的原料，用沸水焯烫后，须过凉，以免原料质老发柴。同时，也可保持较好的色泽，以免变黄。

2.工艺流程

初加工→切配→沸水焯烫→趁热调味→装盘。

3.操作要求

(1) 要选用新鲜、质地鲜嫩、易于成熟的原料，植物性原料选用较多；

(2) 原料进行刀工处理，要大小厚薄一致，便于成熟度一样；

(3) 原料焯水，要沸水下锅，断生即可，捞出控水，荤料一般不过凉，易于变色的原料要过凉处理；

(4) 原料要趁热加入调味品，花椒油的使用量要适中，调拌均匀。

4.特点

质感爽脆，香味浓郁，鲜嫩适口。

5.相关菜例

炝银芽、炝包菜、炝黄瓜、炝腰片、炝肚丝、炝拌八带、炝虎尾等。

▲ 蒜泥腰片

TASK 7

▲ 炝拌八带

▲ 炝螺片

二、滑油炝

1.概念

滑油炝是指原料经刀工处理后，需上浆过油滑透，然后倒入漏勺控净油分，再加入调味品成菜的方法。滑油时要注意掌握好火候和油温（一般在三四成热），以断生为好，这样才能体现其鲜嫩醇香的特色。

2.工艺流程

初加工→切配→滑油至断生→趁热调味→装盘。

3.操作要求

(1) 要选用新鲜、质地鲜嫩的原料，动物性原料选用较多；

(2) 原料进行刀工处理，要大小厚薄一致，便于成熟度一样，可上浆也可不上浆；

(3) 原料滑油，油温不能太高（一般在三四成热），断生变色即可，要控净油分；

(4) 原料要趁热加入调味品，调拌均匀。

4.特点

鲜香味浓，质地细嫩，口感清爽。

5.相关菜例

滑炝虾仁、滑炝鱼片、滑炝鳝丝、滑炝鸡丝、滑炝牛骨髓等。

▲ 炝海鲜

三、特殊炝

1.概念

选用新鲜的或活的动物性烹料，不经加热处理，洗净后直接加入具有杀菌消毒功能的调味品即可。

2.工艺流程

选料→初加工→切配→调制调味汁→调味→装盘。

3.操作要求

(1) 原料要选鲜活、干净卫生、无污染、无毒无害的一些植物性原料以及水产品；

(2) 原料加工形状小巧，大小厚薄均匀一致，拌制时要拌和均匀；

(3) 调味汁要按一定的比例配制好，要根据季节和菜肴的特点而定；

(4) 多使用一些具有杀菌消毒功能的调味品，如大蒜、白酒、醋等，对原料进行杀菌消毒。

4.特点

口感爽脆，口味鲜美，汤汁味浓。

5.相关菜例

炝虾、炝生鱼片、炝鸭掌、炝墨鱼片、炝扇贝等。

▲炝虾

任务八 泡

泡是将新鲜蔬菜、水果等原料经洗涤、切配，不需加热直接放入泡菜卤水中泡制的一种方法。泡制出的成品，称为泡菜。泡是一种特殊的技法，相当于泡腌，但在泡制的过程中，会产生大量乳酸。东北的酸菜是用盐腌制，性质与泡菜一样，所以有些地方将泡菜也称为酸菜。

泡菜古称菹，是指为了利于长时间存放而经过发酵的蔬菜。一般来说，只要是纤维丰富的蔬菜或水果，都可以被制成泡菜，如卷心菜、大白菜、红萝卜、白萝卜、大蒜、青葱、小黄瓜、洋葱、高丽菜等。蔬菜在经过腌渍及调味之后，有种特殊的风味，很多人把它当作一种常见的配菜食用。所以现代人在食材取得无虞的生活环境中，还是会制作泡菜。

世界各地都有制作泡菜，风味也因各地做法不同而有异，其中涪陵榨菜、法国酸黄瓜、德国甜酸甘蓝，并称为世界三大泡菜。已制妥的泡菜有丰富的乳酸菌，可帮助消化。但是制作泡菜有一定的注意事项，不能碰到生水或是油，包括泡制的器具等，否则容易腐败等。若是误食遭到污染的泡菜，容易拉肚子或是食物中毒。

泡菜主要是靠乳酸菌的发酵生成大量乳酸而不是靠盐的渗透压来抑制腐败微生物的。泡菜使用低浓度的盐水，或用少量食盐来腌渍各种鲜嫩的蔬菜，再经乳酸菌发酵，制成一种带酸味的腌制品，只要乳酸含量达到一定的浓度，并使产品隔绝空气，就可以达到久贮的目的。泡菜中的食盐含量为2%～4%，是一种低盐食品。

泡的种类主要有甜泡和咸泡。

甜泡：泡卤以糖、白醋等为主要调味品。

咸泡：泡卤以盐、酒、辣椒等为主要调味品。

泡菜要使用专门工具，切忌油腻污染，不要混入生水，特别是一些调味品使用过程中，不要混入其他杂物。

泡制原料要新鲜脆嫩，泡制后仍然保持脆爽的质感和原色。

泡卤要保持清洁，包括盛泡卤的容器也要清洁卫生，不得用手直接取用，防止泡卤汁污染变质变味；泡卤未腐败变质可继续使用，但须将陈物捞尽，若出现变质，则弃之不用。

泡制时间要根据季节和卤水的新、陈、淡、浓、咸、甜而定，天冷泡制时间长一些，天热泡制时间短一些。

▲ 川味老坛子

▲泡凤爪

一、咸泡

1.概念

咸泡是泡卤以盐、酒、辣椒等为主要调味品，泡制出的成品咸鲜、酸辣、爽脆。

2.工艺流程

选料→加工→咸味卤水→泡制→成品。

3.操作要求

(1) 泡菜的原料要新鲜脆嫩，要事先洗净、晾干，加工成丁、条、片等小型形状，便于快速泡至入味；

(2) 泡制的荤菜，要事先加热成熟，再用卤汁浸泡，浸泡时间略长，保证原料入味后再切配装盘；

(3) 泡菜的器皿要干净，不要带有生水、油腻之物，防止泡汁变质；

(4) 泡制的冷菜，一定要泡透，时间在4个小时以上，时间越长味越浓，但也不是家庭制作泡菜的几个月时间；

(5) 泡制菜肴的卤水，浓度要高一些，因为泡制过程中，原料会出水，冲淡卤水的味道；

(6) 泡菜的卤汁要保持清洁，不可用手直接取用，要用筷子或夹子捞取；

(7) 泡菜的卤汁在无变质的情况下，可连续使用，但需捞尽陈物，在下一次的泡制过程中，卤汁要增加调味品，否则，味道变淡。

4.特点

口感爽脆，味道鲜美，咸鲜酸辣醇厚。

5.相关菜例

泡萝卜条、泡白菜心、泡辣椒、泡莴苣、泡凤爪、泡鸡翅、泡鸡胗等。

咸泡是泡卤以盐、酒、辣椒等为主要调味品，泡制出的成品咸鲜、酸辣、爽脆。

▲泡时蔬

Sweetness

TASK 8

二、甜泡

1.概念

甜泡就是泡卤以糖、白醋等为主要调味品，可加入蜂蜜、桂花酱等香味甜品，原料多选用蔬菜、水果等。

2.工艺流程

选料→加工→甜味卤水→泡制→成品。

3.操作要求

(1) 多选用新鲜脆嫩的蔬果类，要事先洗净、晾干，加工成丁、条、片等小型形状，便于快速泡至入味；

(2) 泡制甜菜的甜卤汁，浓度要高，因为泡制过程中，原料会出水，冲淡卤水的味道；

(3) 泡菜的器皿要干净，不要带有生水、油腻之物，防止泡汁变质；

(4) 要掌握好糖和醋的比例，不可过甜或过酸，加入桂花酱，会增加其果香味；

(5) 泡制的冷菜，一定要泡透，时间在4个小时以上，时间越长味越浓，但也不是家庭制作泡菜的几个月时间；

(6) 不可直接用手取用泡菜，要使用工具捞取；

(7) 泡菜的卤汁可连续使用，但在下一次的泡制过程中，卤汁要增加糖和醋，否则，味道变淡。

4.特点

酸甜适口，果香浓郁，质感爽脆。

5.相关菜例

酸甜泡藕、蜂蜜山楂、酸甜桂花荸荠、酸甜黄桃等。

▲ 蜂蜜山楂

▲ 酸甜黄桃

任务九 冻

●● 有诗云：

“皮冻鱼冻需过滤，半成品料放汁中；煮酥调味入盛器，凉透水晶肴入席。”

▲ 金瓜香肘

▲ 牛筋冻

冻，亦称水晶。选用含胶质较丰富的原料（如肉皮）或琼脂（又称石花菜、冻粉等），加入适量汤水，通过煮制、过滤等工序制成较稠的汤汁，再倒入已烹制成熟的原料中，使其自然冷却，冷凝冻结形成冷菜菜品的一种方法。

因其汤汁清澈见底，凝固后晶莹透明光洁，故又称水晶。冻制品的冻汁多用猪肉皮、琼脂、明胶、食用果胶或其他带有胶类的原料制成。主要是利用了蛋白质凝胶作用的原理。尤其是肉皮和含有结缔组织较多的原料中含有大量的胶原蛋白，经加热水煮后产生变性而溶于水中成为胶体溶液，随着温度的降低而凝固成冻胶。

制冻的方法分蒸和煮两类。习惯上认为以蒸法为优。因为冻制菜品清澈晶亮，软韧鲜醇。蒸法在加热过程中是利用蒸汽传导热量；而煮则是利用水沸后的对流作用传导热量。蒸可以减少沸水的对流，从而使冷凝后的冻更澄清、更透明。

操作关键：煮制冻汁选料要新鲜，掌握好水（一次性加足，中途不宜加水）与料的比例、火候、时间及冻汁的浓度、清澈度（油要撇尽）。

冻制菜肴具有色泽美观、晶莹透亮、滑嫩爽口的特点。冻的制品分为甜、咸两种，咸味多用于鸡、鸭等原料制成菜肴，冻料多用猪皮。甜冻多用于鲜果原料为主制成菜肴，冻料可使用琼脂或者咖喱粉。

制作冻菜少不了凝固剂，目前，人们常用的凝固剂有八种，由于品种不同，用它们制作冻菜也呈现出完全不同的效果。

猪皮：成本最低，口感最自然，属于纯天然冻剂。操作过程比较复杂，成品的透明度也比较差，有轻微的异味。猪皮处理干净，切成条或块后放入容器内，加入调味品和水，大火蒸数个小时，取出过滤，加入调味品调味，放入主料（荤、素均可），调匀后冷藏。除了单纯的鱼鳞冻外，几乎可以制作所有的冻菜，但是最好用来制作荤、素的咸冻菜，口感最好。

▲冷菜烹调

猪皮冻的口感虽好，但是对于某些菜品来说，透明度不够是它的一大缺陷。为此，在制作猪皮冻时，可以根据需要添加少许凝胶粉（具体添加量要根据菜肴的要求确定），这样口感几乎不会受到影响，成本也比较低，最重要的是提升了猪皮冻的透明感。

鱼鳞： 成本最低，口感最自然，属于纯天然冻剂，成品的透明度高。操作过程比较复杂，腥味比较重，色泽也发黄。鱼鳞、猪皮按照比例混合，冲洗干净，放入盘内或者锅内，加入酒、葱、姜、清水，大火蒸或煮制，直至鱼鳞完全融化，取出过滤，加入调味品调味，放入主料（荤、素均可），调匀后冷藏。只能用来制作鱼鳞冻，应用范围较窄。口感仅次于猪皮。

很多厨师认为，鱼鳞冻就是鱼鳞熬制而成的冻。其实这种说法并不准确，因为如果单用鱼鳞熬冻，鱼鳞的胶质必须丰富，但是实际上，鳞片胶质丰富的鱼类一般都不去鳞烹调（如鲥鱼），所以制作鱼鳞冻的鱼鳞一般都是草鱼鳞等。

这种鱼鳞的胶性并不强，直接熬制耗时长，效果还特别差，所以聪明的厨师都搭配猪肉皮一起熬鱼鳞冻汁。鱼鳞与猪皮的比例一般都会控制在2∶1或者3∶1，具体分量要根据当地食客口感的喜好添加。

凝胶片或凝胶粉： 它是从动物的骨头（多为牛骨或鱼骨）提炼出来的胶质，与其他成品凝固剂相比，它最大的特点是异味小，成品透明度高，口感比较爽滑，有弹性。大多产自意大利，所以价格比较高，口感略发硬，不够自然。主要有凝胶片和凝胶粉两种。凝胶片先用冰水浸泡，泡软后用手挤干水分，隔水加热，融化后调味，放入原料冷冻。凝胶粉放入锅内，加入清水，置于电磁炉上，小火加热至凝胶粉融化，调味，放入原料冷冻。切不可用普通的炒菜灶加热，否则溶液易焦边。多用来制作西式的点心或者高档菜的冻菜，如鹅肝冻。

琼脂： 成本比较低，应用方法也比较简单。但是本身

▲ 水果冻

有一种塑料的味道，成品口感也很一般，没有那种入口即化的口感。放入锅内，加入清水，小火慢慢熬煮至融化，取出过滤，调味，放入原料拌匀，冷却。多用来制作果冻等甜冻菜。

琼脂学名石花菜，俗称冻粉。此法是指将琼脂掺水煮或蒸融后，浇在经过预熟的原料上，冷却后便成菜的方法。琼脂冻与皮冻比较，具有不同的质地和口感。通常情况下，琼脂冻较为脆嫩，缺乏韧性，所以一般用于甜制品制作。有时也用于花色冷拼的衬底或掺入其他原料作冷菜的刀面原料。琼脂冻类的菜品操作比较简便，成菜具有色泽艳丽、清鲜爽口的特点。琼脂冻的操作要领体现在以下几个方面：所用琼脂一般为干品，使用前用清水浸泡回软后，洗干净，再放清水中煮化或蒸融。倘若是制作甜品，可不加水，掺入冰糖，蒸制待琼脂及冰糖融化后，倒入事先备好的容器中冷凝成型。掌握好琼脂及水的使用比例，一般地说，琼脂都要加水熬制成菜，这就有个比例，即水加多了成品不易凝结；水加少了，凝冻质老易于干裂，口感欠佳。琼脂与水的比例一般控制在1：10左右为宜。

根据用途不同，琼脂在熬制过程中可适量添加一些有色原料，以丰富菜品色彩。琼脂冻类菜品若无特殊用途，通常要借助一定的成型器皿来完成。如“草莓琼脂冻”“牛奶琼脂果杯”等。

冻制菜品是冷菜制作中常见的一种形式。适合于冻法成菜的原料很广泛，通常来说，大多数无骨细小的动物性原料适宜用皮冻法成菜；大多数植物性原料特别是水果类原料适用于琼脂冻法。常见菜品如“水晶肴蹄”“双色水果杯”“水晶西瓜球”等。

果冻粉：成本适中，应用简单。成品口感不够爽滑，韧性也比较强，根本就没有入口即化的感觉。放入锅内，加入清水，小火慢慢熬煮至融化，取出过滤，调味，放入原料拌匀、冷却。多用来制作果冻等甜冻菜。

鱼胶粉：成本适中，应用简单，加热即可。成品口感不够爽滑，韧性也比较强，没有入口即化的感觉。鱼胶粉的腥味非常重，而且颜色发淡黄色。放入锅内，加入清水调匀，然后隔水加热至融化，调味，放入原料拌匀、冷却。切记：鱼胶粉必须使用隔水加热的方法处理，否则水分超过90°C，鱼胶粉的腥味也会越来越严重。多用来制作果冻等甜冻菜，但是为了节省冻菜的制作时间，现在也用来制作少量的咸冻菜。

刺槐豆胶：无色、无味的植物胚乳精制多糖，是极为良好的增稠稳定剂，是分子厨艺中常见的烹饪原料，用它制作的成品弹性好，而且可以扭曲，具有良好的透明度。成本非常高，而且目前的应用面很窄。豆胶在冷水中只有部分溶解，加热至85°C保持10分钟以上才能充分水化，使冷却后达到最大黏度。目前主要用来制作分子美食。

水晶鱼冻：成本较低，应用简单，透明度高，有弹性。口感发硬，色泽略发黄，韧性也比较强。入微波炉高火加热10分钟，倒入容器内，自然冷却后再放入冷藏。可以制作多种冻菜，用来制作鱼鳞冻，效果比较好。

冻菜看似简单，制作起来却是难点重重，稍不注意，做好的皮冻菜不是口感发硬，就是有异味，要不就是不成型。

一、皮胶冻法

1.概念

用猪肉皮熬制成胶质液体，并将其他原料混入其中（通常有固定的造型），使之冷凝成菜的方法称为皮胶冻法。

在实际操作过程中，我们根据其加工方法的不同又可以分为花冻成菜法和调羹成菜法（盅碟成菜法）。所谓花冻成菜法，就是将洗净的猪皮加水煮至极烂，捞出制成茸泥状（或取汤汁去皮），加入调味品，淋入蛋液，也可掺入诸如干贝末、熟虾仁细粒，并调以各式蔬菜细粒，后经冷凝成菜。成品具有美观悦目、质韧味爽的特点。如五彩皮糕、虾贝五彩冻等。调羹成菜法（盅碟成菜法）是指在成菜过程中需要借助于小型器皿，如调羹、盅、碟（或小碗）等制作时，取猪肉皮洗净熬成皮汤，取盅、碟等小型器皿，将皮汤置入其中，放入加工成熟的鸡、虾、鱼等无骨或软骨原料（按一定形状摆放更好），经冷凝成菜。用此法加工的冻菜，一般都宜将原料加工成丝状或小片、细粒等。调味也不宜过重，以轻淡为主。此法在行业中使用较普遍，如水晶鸡丝、水晶鸭舌等。

冻制成菜的先决条件是冻的制作。首先是所用肉皮必须彻底洗净，应达到无毛、无杂质油脂。因此在正式熬制前，先将肉皮焯水后将肉皮内外刮净，清洗后改成小条状入锅加热，便于熟烂。其次熬制汤汁时，要掌握好皮汤中原料与水的比例，一般认为以1∶4为宜。

若汤水过多，则冻不结实；若汤水过少，则胶质过硬，韧性太强。汤汁凝结后一般以透明或半透明为主，所以在熬汤时除了用盐、味精、葱结、姜块及少量料酒外，一般不用有色调味品和香辛料，防止有色调味品影响冻的成色。皮冻熬好后，根据成菜要求，添加所需调味品。

2.工艺流程

选料→初加工→熟处理→过滤→调味→倒入主料中→凉制（挤压）→切配→装盘。

3.操作要求

（1）选用胶质物要洗净，熬好后先去油，再过滤，以使汤汁清澈；

（2）胶质物与汤汁的比例要恰到好处，不要过稠或过稀；

（3）冻制菜肴的原料以细腻为宜；

（4）需要蔬菜点缀的菜肴，浇注的冻汁不宜太烫，以确保菜的色泽；

（5）灌注冻汁时，应注满原料的缝隙；

（6）煮制冻汁选料要新鲜，掌握好水（一次性加足，中途不宜加水）与料的比例、火候、时间及冻汁的浓度、清澈度（油要撇尽）。

▲年味肉冻

4.特点

晶莹透明，软嫩滑韧，清凉爽口，造型美观。

5.相关菜例

镇江肴肉、水晶皮冻、鱼鳞冻、水晶鸡等。

▲ 琼脂冻

二、琼脂冻法

1.概念

琼脂学名石花菜，俗称冻粉。此法是指将琼脂掺水煮或蒸融后，浇在经过预熟的原料上，冷却后便成菜的方法。

琼脂冻与皮冻比较，具有不同的质地和口感。通常情况下，琼脂冻较为脆嫩，缺乏韧性，所以一般用于甜制品制作。有时也用于花色冷拼的衬底或掺入其他原料作冷菜的刀面原料。琼脂冻类的菜品操作比较简便，成菜具有色泽艳丽、清鲜爽口的特点。琼脂冻的操作要领体现在以下几个方面：所用琼脂一般为干品，使用前用清水浸泡回软后，洗干净，再放入清水中煮化或蒸融。倘若是制作甜品，可不加水，掺入冰糖，蒸制待琼脂及冰糖融化后，倒入事先备好的容器中冷凝成型。掌握好琼脂及水的使用比例。一般地说，琼脂都要加水熬制成菜，这就有个比例，即水加多了成品不易凝结；水加少了，凝冻质老易于干裂，口感欠佳。琼脂与水的比例一般控制在1∶10左右为宜。

根据用途不同，琼脂在熬制过程中可适量添加一些有色原料，以丰富菜品色彩。琼脂冻类菜品若无特殊用途，通常要借助一定的成型器皿来完成。如“草莓琼脂冻”“牛奶琼脂果杯”等。

冻制菜品是冷菜制作中常见的一种形式。适合于冻法成菜的原料很广泛，通常来说，大多数无骨细小的动物性原料适宜用皮冻法成菜；大多数植物性原料特别是水果类原料适用于琼脂冻法。常见菜品如“水晶肴蹄”“双色水果杯”“水晶西瓜球”等。

2.工艺流程

选料→初加工→刀工处理摆造型熬制→琼脂→过滤→调味→倒入主料中→凉制→切配→装盘。

3.操作要求

(1) 多选用新鲜水果，原料要洗净，根据造型需要，改刀成一定形状；

(2) 琼脂可以熬制，也可以蒸制，蒸制效果较好，也容易掌握，熬制时要注意火候，不可熬煳锅，黏稠度要恰到好处，不要过稠或过稀，加入的糖要熬化；

(3) 切好的原料要事先摆好造型，造型要美观；

(4) 灌注冻汁时，应注满原料的缝隙。

4.特点

晶莹透明，软嫩滑韧，清凉爽口。

5.相关菜例

水晶菠萝、水晶瓜球、水晶橘子、水晶葡萄等。

任务十 煮

煮是将已初步加工的原料放入水锅中加热，使之成熟的一种方法。原料要求味鲜质嫩的菜肴，水开后下入原料，盐水煮制时，盐不宜早放。对于事先腌制过的体大质老的原料，应先泡掉苦涩咸味或焯水后再煮，煮时应用大火烧开后再改用小火煮制或浸泡。白水煮制时，原料一定要新鲜，不宜煮得过老，先大火后改用小火。煮制原料时，应将原料完全浸没在汤中，确保成熟一致。

煮和汆相似，但煮比汆的时间长。煮是把主料放于多量的汤汁或清水中，先用大火烧开，再用中火或小火慢慢煮熟的一种烹调方法。

在冷菜运用中，煮法主要是白煮。就是将加工整理的生料放入清水中，烧开后改用中小火长时间加热成熟，冷却切配装盘，配调味品（拌食或蘸食）成菜的冷菜技法。

具体菜肴有：白切肉、水煮花生米、盐水青虾、白斩鸡等。

▲ 盐水虾

▲ 白斩鸡

▲ 盐水虾

一、盐水煮

1.概念

盐水煮就是将原料放入水锅中，加入盐、葱、姜等调味品煮制的热制凉吃的一种冷菜烹调方法。

2.工艺流程

选料→加工→盐水煮制→浸泡→成品→改刀装盘。

3.操作要求

(1) 味鲜质嫩的原料，水开后下入原料，保持原料的爽脆，质老的原料可以冷水下锅，要煮熟煮透；

(2) 有些体大质老的原料要事先腌制，动物性原料要泡去血水，焯水后再煮制；

(3) 煮制时应用大火烧开后再改用小火煮制或离火浸泡，但原料必须成熟；

(4) 煮制原料的汤水应是无色，除了葱、姜、盐以外，也可加入一些香料，但不能加入色调过重的香料，以免影响原料的洁白度；

(5) 煮制时，应将原料完全浸没在汤中，确保成熟一致。

4.特点

口感鲜嫩，咸鲜适口，清淡爽口。

5.相关菜例

盐水鹅、盐水鸭、盐水虾、盐水花生、盐水毛豆、盐水鸡、盐水竹笋等。

▲ 晾衣白肉

二、白煮

1.概念

白煮是将加工整理的生料放入清水中，烧开后改用中小火长时间加热成熟，冷却切配装盘，配调味品（拌食或蘸食）成菜的冷菜技法。

2.工艺流程

选料→加工整理→入锅煮制→切配装盘→调味品→装盘。

3.操作要求

（1）白煮多选用质地鲜嫩的原料，味鲜质嫩的原料，水开后下入原料，质老的原料可以冷水下锅；

（2）煮制时应用大火烧开后再改用小火煮制或离火焖透；

（3）煮制原料的汤水应是无色，除了葱、姜、料酒以外，不加入任何有色调味品，因此，原料煮熟后无味，必须再加工调味；

（4）煮制时，应将原料完全浸没在汤中，确保成熟一致，色泽洁白；

（5）白煮的菜肴调制的风味较多，可根据个人爱好调制蘸料或调味汁。

4.特点

质地细嫩，清爽适口，蘸料或浇汁口味变化多端。

5.相关菜例

白切肉、白斩鸡、白水鸡蛋、白水豆腐等。

Boiled in water

TASK 10

▲ 白水豆腐

▲ 白水鸡蛋

任务十一 糟

糟是将处理过的生料或熟料，用糟卤等调味品浸渍，使其成熟或增加糟香味的一种烹制方法。多用于动物性原料和蛋类原料，也可用于豆制品和少数蔬菜。

我国东部江、浙、沪等地区，每逢夏日来临，盛行一类独特口味的菜肴——糟味菜。“糟”运用于烹调历史悠久。相传2000多年前，越先民已用“酒”和“糟”调味。《齐民要求》中也阐述了有关“糟”的烹调方法的运用。糟味菜是以“香糟”为主要调味品，将烹饪原料经糟盐腌或用糟卤浸泡或加糟汁滑溜等方法烹制成菜，其具有糟香浓郁、鲜咸回甜的特点。

原料未经热处理直接糟制，经过数小时乃至数天、数月入味后，再加热制成菜品的烹制方法即为生糟。生糟大都适用于蛋类、鱼虾蟹类，糟制后多采用蒸食。熟糟是将原料热处理后糟制，经浸腌入味，再改刀装盘成为菜品的烹制方法，多适用于禽、畜类的原料。糟按糟汁的颜色可分为红糟和白糟。

糟制时要掌握好时间；糟制时要掌握好调味品的分量；糟制时不可带入生水等；要选用不同的糟料。糟制菜肴糟香味浓，风味独特。市场有可直接用来制作糟菜的香糟卤、香糟汁和糟油，方便省事。

▲香糟鸡

"香糟"味主要来源于酒糟类及其衍生出的香糟味调味品。如酒糟（香糟）类，从颜色上一般可分为黄糟、白糟、红糟。香糟味调味品有：香糟酒（香糟卤）、香糟汁、醪糟汁（酒酿汁）、红糟酱、糟油、糟糊等。"鲜咸"味主要来源于盐、味精、鸡粉、高汤、白糖等调味品。此味型在运用当中，除运用以上某种"香糟"及其调味品和鲜咸味调味品外，由于不同菜肴的风味所需，还常酌情选用葱、姜、蒜、冰糖、胡椒粉、熟猪油、熟鸡油、香油、料酒以及少许普通酱油（仅为提色）和适量香醋（多用于醉制原料）等辅味调味品。由于各地区菜肴风味不同，常与"香辣味型""咸甜味型""五香味型""葱椒味型""咖喱味型""酒香味型""海鲜味型""酱香味型"等相配合。

糟味菜的糟制方法有两种：一种为生糟法；另一种为熟糟法。

有诗云：

"糟菜鱼虾鸡肉蛋，酒糟食盐花椒拌；香糟入坛封一年，原料糟透味增鲜。"

1.生糟法

(1) 方法

生糟法是指将生的原料经过一定的刀工处理，用盐腌渍后放入酒糟中（也可直接将原料浸于香糟卤中），密封浸渍数小时或数天后，取出原料再进行烹制，调味成熟后食用的一种方法。如浙江的"糟青鱼干""糟蛋"等，皆是采用此法糟制。

(2) 要领

①原料选取的要求：应选用无霉斑、无异味的糟，以保证正常的糟香味；用于糟制的原料，都应是鲜活的原料（通常取动物性原料为多），以防糟制时变质。

②原料初加工的要求：由于采用"生糟法"糟制菜肴用时较长，因此用于糟制的原料应经过一定的处理。首先，原料要清洗干净，并沥干过多水分，部分原料还要经过洗刷处理，如"毛蟹"的加工；其次，原料还要经刀工处理，料形较大较厚实的，要将其改刀剖开或斩件处理，便于糟制入味；最后，糟制的原料要经过盐腌或高浓度酒醉制，去除原料中过多的水分并杀菌，以达到防止糟制时原料变质的目的。

③糟制手法的要求：用酒糟糟制时，要一层糟一层原料，层层平铺，同时要压实；而用香糟卤糟制时，原料则要全部浸入糟液中，使原料均匀入味。在浸渍时容器口应当密封，以防糟味散发，原料糟香味不足；同时也可以防止糟制时，蚊虫及空气中灰尘、细菌等进入，影响生糟菜的质量。

▲冷菜烹调

2.熟糟法

(1) 方法

熟糟法是将原料经过熟处理（通常为白煮法成熟），初步调味后，放入容器加入香糟卤浸渍数小时，入味后取出即可食用的一种方法，如“糟香毛豆”“糟香鸭舌”“糟腰花”等。

(2) 要领

①注意原料的选择与初加工处理：熟糟法的原料选择广泛，不仅适用于动物性原料，如银鱼、猪腰、富贵螺等，也适用于很多的植物性原料，如芦笋、毛豆、莴苣等。选料时原料要新鲜，各种原料都要经过一定的刀工处理，保证原料的形状、大小一致；同时根据原料的性质，来决定原料的厚薄，以便成熟与入味。

②注意原料的熟处理与初步调味：原料在熟处理的过程中，植物性原料断生即可（如毛豆熟制时要保持其鲜绿的色泽，以断生为宜，不可过度加热，以防色黄，失去其鲜嫩的口感）；动物性原料在熟处理时要控制火候，原料煮熟即可，不可煮制过烂，保证糟味菜的良好口感。在熟处理的同时，原料要进行初步的调味，去除原料的腥味，使原料成熟后具有一定的底味，以便于在糟制过程中，能更好地入味。通常煮制的汤中盐的浓度一般要达到1.5%～2%为宜。

③注意原料的冷却处理：原料经过煮制成熟后，动物性原料应在常温下自然冷却为宜，不可用冷水冲凉，如用冷水来降温，由于动物性原料相对较为厚实，冷却时内外的温度相差很大，造成原料表皮收缩，散热毛孔堵塞，使肉质原料热聚凝，热量不易散出，从而造成冷却的假象，用之糟制的菜肴易变质。而采用自然冷却，动物性原料内外温度一致，表皮水分挥发较多，浸入糟卤后，原料能充分吸入卤汁，使香味入骨，且可恢复原料形状，增强质感。植物性原料，很多都需要保持一定的色泽，在冷却时可放入凉开水中浸凉，但取出后要沥干原料中过多的水分，方可糟制，保证其良好的口感及口味。

④注意糟卤的盐度及糟制时间的控制：在糟制菜肴时，糟卤的盐度一般控制在5%～8%，以保证糟制的菜肴咸淡适宜，以一定的咸度来突出“香糟味”，使糟香味更加突出。在糟制原料的同时，还应注意糟制时间的控制，一般糟制时间控制在2～4小时为宜，时间不能过短或过长。过短则原料不易入味；过长不仅会使原料吸入过多盐分，成菜口味加重，而且还会因糟制时间过长，引起原料的变质。

⑤注意卫生的控制：在糟制菜肴时，卫生至关重要。不

▲糟香毛豆

▲ 红糟鸭

仅要保证容器的清洁卫生，而且在糟制时容器要加盖。有条件的要将其放入冰箱中冷藏糟制，以防止变质。放入冰箱中糟制的菜肴，其温度控制在6°C～8°C，在这种温度下糟制的菜肴取出食用时，糟味菜的“香糟味”得以较完美地发挥。还要注意的一点是，糟味菜通常是现糟现用，在不能及时食用完的情况下，必须入冰箱保存，且不能长时间冷藏。糟制过菜肴的糟卤应废弃，不能再使用，以确保安全。

另外，还可以用糟卤直接烹制菜肴，如糟熘鱼片、糟熘虾仁等。值得注意的是，运用糟卤烹制滑溜类菜肴时，糟卤的量要控制好，不宜过多，否则会掩盖原料本味；同时糟卤加入不宜过早，防止糟味蒸发，使菜肴糟香味不足。

一、红糟

1.概念

红糟是将经处理过的生料或熟料用盐、香糟，再加入5%的红曲（红色）等调味品制成的糟卤浸渍的一种方法，卤汁为红色。

红糟产于福建省。是在红曲酒制造的最后阶段，将发酵完成的衍生物，经过筛滤出酒后剩下的渣滓，就是酒糟（即红糟），红糟一直是调制红糟肉、红糟鳗、红糟鸡、苏式酱鸭、红糟蛋及红糟泡菜等食品的原料，含酒量在20%左右。质量以隔年陈糟，色泽鲜红，具有浓郁的酒香味为佳。是难能可贵的天然红色素，具有防腐去腥，增加香味、鲜味和调色的作用。用红糟作为调味品烹制菜肴，是闽菜的一大特色。

2.工艺流程

选料→初加工→配糟汁→糟制→成品。

3.操作要求

（1）应选用新鲜细嫩的动植物性原料，保证成品清淡爽口，具有糟香风味；

（2）原料熟处理，不可烹制过于酥烂，成熟即可；

（3）制糟卤时，调味品的比例要恰当，保持糟香及正常的味型；

（4）糟制的时间要掌握好，冬季时间略长，夏季时间略短，不论时间长短，以糟香味渗入到原料为宜；

（5）妥善保管好糟汁，不要使糟汁变质，最好是现做现用，保持新鲜度。

4.特点

清鲜爽口，质地鲜嫩，糟香味浓。

5.相关菜例

糟虾、红糟鸭、糟醉冬笋、南糟醉蟹等。

二、白糟

1.概念

白糟是将经处理过的生料或熟料用盐、白糟、香料等调味品制成的糟卤浸渍的一种方法，卤汁为白色。白糟，一种纯天然的食用添加剂，我国绍兴所产最佳。白糟是酿酒时的一种副产品，是一种酒糟，因其颜色洁白，故名白糟。常用白糟来制作白糟肉、蛋、泡菜等食物。因其为酒糟，所以含有酒精，颜色鲜艳、洁白剔透，有浓厚的酒香味。

2.工艺流程

选料→初加工→调糟汁→糟制→成品。

3.操作要求

(1) 选用原料以鲜嫩为宜，糟制后保持原料的鲜嫩；

(2) 原料熟处理，不可烹制过于酥烂，保持原料固有的口感；

(3) 制糟卤时，调味品的比例要恰当，突出糟香味；

(4) 糟制的时间要掌握好，冬季时间略长，夏季时间略短，不论时间长短，以糟香味渗入到原料为宜；

(5) 妥善保管好糟汁，最好现做现用。

4.特点

色泽洁白，质地鲜嫩，酒香味浓。

5.相关菜例

白糟肉、白糟蛋、白糟鸡、白糟鸭掌、白糟排骨、白糟包菜等。

▲冷菜多拼

▲糟三拼

▲糟味拼盘

▲ 糟蟹

三、生糟

1.概念

生糟是将生原料经过一定的刀工处理，用盐腌制后放入酒糟中，也可直接将原料浸入酒糟中，密封浸渍数小时或数天后，取出原料再进行烹制、调味后食用的一种方法。

2.工艺流程

选料→初加工→调糟汁→糟制→成品。

3.操作要求

⑴ 不论是红糟、白糟，要选用糟香味浓、无异味的糟；

⑵ 多选用鲜活水产品或蔬菜等原料，便于入味糟制；

⑶ 原料要清洗干净，控净水分，较大的原料要改刀，改刀后的形状，要大小、厚薄、长短、粗细一致；

⑷ 糟制时，原料要全部浸入糟液中，使原料糟制均匀；

⑸ 糟制时，容器要密封好，防止污染以及糟味挥发。

4.特点

清鲜爽口，质地鲜嫩，糟香味浓。

5.相关菜例

糟青鱼干、糟蛋、糟虾、糟蟹、糟螺、生糟黄瓜、糟莴苣等。

四、熟糟

1.概念

熟糟，是将原料加工成丝、片、条、块或用整料，经热处理后用酒糟汁浸泡的方法。

2.工艺流程

选料→初加工→熟处理→调糟汁→糟制→刀工处理→装盘。

3.操作要求

(1) 原料经过熟处理后，要掌握好原料的成熟度，保持原料的鲜嫩和原有风味；

(2) 原料经过熟处理后，要改刀成小型的丁、条、片等，便于入味；

(3) 糟制时要控制好时间，糟制的时间不宜过长；

(4) 调制糟汁要掌握好调味品的比例，特别是酒糟的质量和数量要掌握好。

4.特点

咸鲜适口，质地鲜嫩，酒香味浓。

5.相关菜例

熟糟鸡块、糟汁鳊鱼、糟香鱼块、熟糟鸭掌、糟汁排骨、糟香猪肚等。

▲ 糟香猪肚

▲ 糟香鱼块

任务十二 蒸

▲蒸槐花

▲蒸菜

1.概念

蒸是将加工成型或体形较小的整个原料，以蒸汽为传热介质，加热成熟的一种烹调方法。它不仅用于烹制菜肴（蒸菜肴），还用于原料的初步加工和菜肴的保温回笼等。蒸制菜肴是将原料（生料或经初步加工的半制成品）装入盛器中，加好调味品，有时还加上汤汁或清水后上笼蒸制。蒸制菜肴的工具主要有蒸车、蒸箱、蒸笼、蒸锅等。

蒸法用于冷菜中有两个方面，一是特殊材料的制作，成型加工；二是常用材料的制作加工。将初步调味成型的原料置于盛器中，用蒸汽加热的方式使原料成熟或定型。

热菜中蒸制菜品的原料以动物性为主，植物性为辅。其料形一般以茸、块、片以及经过加工成特殊形态的形状居多。

冷菜中的蒸制，主要选用一些时令蔬菜以及一些蔬菜的叶、茎、根等，洗净拌以面粉，上笼大火快速蒸制，成品软糯、鲜香，风味独特，是民间应用较多的一种方法。

蒸制菜肴成功的关键在火候。一般要求是旺火沸水煮制。根据成菜要求，可采用放汽蒸与不放汽蒸两种形式进行加工。

蒸法尽管不是一种常用的冷拼材料的制作方法，但蒸法在冷拼材料制作中的作用却很大。很多的冷拼刀面材料，特别是一些花色冷拼的刀面材料，都需要通过蒸法成型，因而在冷拼制作中具有重要的地位。

2.工艺流程

选料→初加工→蒸制→调味→装盘。

3.操作要求

(1) 要选用新鲜的蔬菜原料，大块的根茎类可以加工成丝状，便于成熟；

(2) 原料要洗净晾干，适当加入底盐拌制，但不可加入过早，防止蔬菜出水；

(3) 拌入面粉时，面粉不要加入过多，过多蒸菜粘连，过少蔬菜不能沾满面粉；

(4) 要大火水开，上笼快速蒸制，蔬菜断生、面粉成熟，3～5分钟即可；

(5) 食用时，可用蒜泥或辣酱拌制一下，增加风味。

4.特点

软嫩清雅，香味浓郁，风味独特。

5.相关菜例

蒸芹菜叶、蒸胡萝卜丝、蒸榆钱、蒸槐花、蒸野菜等。

任务十三 酥

▲ 美味鱼

酥是把材料经过改刀或者不改刀，用大火热油烹炸或不经油炸，然后加入醋、糖、香油等调味品，用大火烧沸后改小火焖到骨酥肉烂的一种冷菜的烹调技法。与热菜中的焖、烧有些相似，但比焖、烧加热时间更长。酥的方法做菜，以醋为主要调味品，以使荤料骨肉酥软，香酥可口，清淡不腻，鲜香入味。

酥菜一般都是将主料放入锅内后，一次加足汤水和调味品，盖严锅盖加热，直到烧好才揭锅。酥菜制成后，不可急于起锅装盘，因为此时主料已经酥烂，稍碰即碎，应待成菜冷却以后装盘。适用于制作酥鲫鱼、酥海带、酥藕等冷菜。酥主要有两种形式：一种是硬酥；另一种是软酥。主料先过油再酥制的是硬酥；不过油而直接将原料放入汤汁中加热处理的为软酥。可以酥制的原料很多，肉、鱼、蛋和部分蔬菜均可作为酥制原料。酥制的主要环节在于制汤，其味型丰富多样，除以烧煮菜肴的基本味作为基本调味外，尚可加入如五香粉或其他香料等调味品。

酥制菜品一般都是相对批量生产，成品要求酥烂，因此首先应当防止原料粘底。因为在酥制菜肴过程中，不可能经常性翻动原料，甚至有的原料从大锅到出锅根本就无法翻动，所以一定要加衬垫物，并将原料逐层排放。其次，加料及汤水的投放比例要准确，以免影响滋味的浓醇。酥菜制作时间一般较长，故汤汁的投放应比一般菜肴略多一些。开始加热时，以汤汁略高于原料为度。最后，酥制菜品讲究酥烂，为防止原料的形态被破坏，加热完毕后，必须冷却后方可起料。

有诗云：

“冷菜烹调方法酥，豆腐海带白菜菇；主料过油放菜上，调味焖炖多加醋。”

一、硬酥

1.概念

硬酥是将原料炸制成半成品，再有顺序地排列在大锅中，放在以醋、糖、盐、酱油（也可不放）、各种香料为主要调味品的汤汁中，经过小火较长时间煨焖，使原料达到骨酥肉烂，酵香味浓的一种烹饪技法。

2.工艺流程

选料→初加工→炸制→调汤汁→大火烧开→小火煨焖→冷却→装盘。

3.操作要求

(1) 原料酥制前，要炸透，使原料呈干硬状态，便于酥制时易于吸收汤汁和入味，保持菜肴的口感和质感；

(2) 制汤时，水与醋、糖、酱油、盐等主要调味品的比例要恰当，要突出醋的用量，醋容易挥发，且溶解钙质，使骨质酥软，因此，醋的用量要视具体原料的多少来确定；

(3) 要严格控制火候，先用旺火烧开后再改用小火煨焖；

(4) 汤汁浓稠后，取料时要保持原料形状完整。

4.特点

骨酥肉烂，不失其形，香酥适口。

5.相关菜例

酥带鱼、酥鲫鱼、酥鱼尾、酥排骨、酥肉、酥豆腐干等。

▲ 酥豆腐

▲ 酥滑肉

▲冷菜烹调

二、软酥

1.概念

原料不经过炸制，而是将原料和经过加工处理成半成品，有顺序地排列在大锅中，放在以醋、糖、盐、香料等的汤汁中，经过小火较长时间煨焖，使原料达到骨酥肉烂，酵香味浓的一种烹饪技法。

2.工艺流程

选料→初加工→半成品→调汤汁→大火烧开→小火煨焖→冷却→装盘。

3.操作要求

(1) 酥制前，原料要整理干净，有的需要焯水，但不能过油；

(2) 制汤时，水与醋、糖、酱油、盐等主要调味品的比例要恰当，主要注意醋的用量和调味品的比例；

(3) 要严格控制火候，先用旺火烧开后再改用小火煨焖；

(4) 汤汁浓稠后，取料时要保持原料形状完整。

4.特点

骨酥肉烂，不失其形，香酥适口。

5.相关菜例

酥海带、酥白菜、酥黄花菜、酥排骨、酥猪尾、酥鸡等。

酥的方法做菜，以醋为主要调味品，以使荤料骨肉酥软，香酥可口，清淡不腻，鲜香入味。

▲酥猪尾

任务十四 挂霜

1.概念

挂霜是制作不带汁甜冷菜的一种烹调技法。以油为传热介质，将经过油炸的小型原料挂上或撒上一层似粉似霜的白糖的甜菜的一种烹调方法。成品松脆香甜，洁白似霜。挂霜的方法有两种：一种是将炸好的原料放入盘中，上面直接撒上白糖，适合颜色较浅的原料；另一种是在拔丝的基础上，利用糖浆的黏性均匀裹在原料的表面，冷却后形成一层糖霜。

挂霜的实质是利用糖的再结晶原理。根据人们在日常工作中的运用，通常将挂霜分为葡萄糖粉挂霜法、直接撒糖粒挂霜法和熬糖挂霜法三种形式。其中以熬糖挂霜法为优。挂霜的原料一般是较小型的动、植物性原料，又以植物性原料居多。为了丰富菜品的口味，有时也可掺入可可粉、芝麻粒（粉）等，其调味品要在糖液挂霜前加入，并熬制片刻，再放入原料挂霜。

挂霜的原料一般多选用干果类，新鲜、无虫蛀、无霉变的原料；其他原料要加工成小型状态，采用挂糊或不挂糊炸制，不易炸透的原料，可事先焯水成熟再挂糊炸制；熬糖的锅要洗刷干净，注意掌握火候。原料挂霜后要及时抖开，防止粘连在一起。

挂霜类菜品的制作关键是熬糖。熬制糖时，火力要小而集中，火力不要超过糖液的液面，防止糖液周围变色变味；一般熬糖都采用水熬糖法。熬制糖液以前，应先将锅洗净，加入水和糖，通常认为水与糖的比例以1∶3～4为宜，经小火熬制，待糖全部融化后，下入预先成熟的原料，迅速翻拌均匀，并使之冷却凝结成霜。熬糖时，外观感觉是水泡由大变小且稠密，搅动时有一定阻力。如果掌握不住糖与水的比例，只要将糖的量多于水的量，然后慢慢加热使水分完全蒸发，便之变稠即可。

如果挂霜原料水分较多，应先将糖液冷却再挂霜。

▲冰糖雪球

制作挂霜类菜品，应把握好加热原料的成熟环节。挂霜菜品除了要求色泽洁白、口味香甜以外，对于原料也有一定的要求，主要特色是脆、香。因此原料过油或炒制、烘烤时，应当严格掌握火候。少数动物性原料为使其达到口感外酥脆、里鲜嫩的效果，可先行挂糊、炸制，然后再挂霜成菜。

2.工艺流程

选料→初加工→过油→熬糖→倒入主料→翻拌→掰开粘连处→装盘。

3.操作要求

(1) 多选用新鲜、无霉烂、无虫蛀、水分较少的干果类，也可选用其他原料，但要加工成小型状态，挂糊或不挂糊炸透；

(2) 熬糖时要用小火，要使糖充分融化，但又不能让糖液变色，保持洁白；

(3) 翻拌时，要不停翻锅，使糖液均匀粘在原料上；

(4) 冷却后，检查是否有粘连在一起的原料；

(5) 若加入其他调味品，应在糖汁熬好后加入糖汁中融化，再下入主料。

4.特点

表面洁白似霜，味香甜质脆。

5.相关菜例

雪衣豆沙、香蕉锅炸、挂霜丸子、挂霜花生仁、挂霜腰果、挂霜腰豆等。

有诗云：

“顶霜挂霜两方法，白糖加水锅熬化；原料过油质酥脆，色泽雪白口感佳。”

▲ 挂霜腰豆

任务十五 油炸

1.概念

把原料放入食用油中加热的过程，称为油炸。冷菜中的油炸技法，是指原料经炸制后冷却再调味食用的一种方法。

油炸多用于热菜或与其他烹调方法并用，如炸烹、炸熘等。但在冷菜中也有一定的应用，属于热制冷吃的一种方法，也是冷热菜兼用的一种方法。

2.工艺流程

选料→初加工→油炸→冷却→装盘。

3.操作要求

(1) 原料一般选用果实、种子类较多，水分含量少，油炸后具有酥松脆的口感；

(2) 掌握好油温，有的需要热油，有的需要温油，视具体原料品种而定；

(3) 原料炸前可先行腌制，不上浆挂糊，晾去部分水分再炸；

(4) 正确掌握火候，有的需要大火，有的需要小火，不可炸至过老，否则带有煳味，色彩发黑，过嫩则香味不足，酥脆感不强；

(5) 冷却后再食用，若趁热食用，则变成热菜品种了。

4.特点

酥脆可口，余味香浓。

5.相关菜例

油炸花生米、油炸蚕豆、油炸腰果、油炸杏仁、脆皮花生等。

▲ 油炸花生米

▲ 芝麻花生仁

任务十六 卤浸

1.概念

卤浸是把原料初加工后用热油炸，然后趁热放入事先做好的卤汁浸渍入味的一种方法。原料可事先腌制也可不腌制。

2.工艺流程

选料→初加工→油炸→调卤汁→浸泡入味→装盘。

3.操作要求

(1) 原料加工形状不可过大，多加工成小型的块、条等形状，便于入味，否则不容易浸泡入味；

(2) 不易入味的原料可事先腌制，增加底味，小型原料也可不腌制；

(3) 原料要炸至酥透，易于吸收汤汁，入味充足；

(4) 卤汁事先兑好，汤汁要宽，味要浓厚，可根据不同口味需要，调制卤汁口味，也可使用一些卤制原料的卤水浸泡；

(5) 浸泡时间根据菜肴特点和原料形状大小而定。

4.特点

质地酥香，汤汁味浓，风味独特。

5.相关菜例

卤浸带鱼、卤浸鱿鱼、浸泡仔排、卤浸鱼条、卤浸凤爪等。

▲ 卤浸凤爪

项目3 ITEM THREE 菜品姿造 Dish presentation

▲冷菜烹调

什么是姿造?

“姿造”是一个新词，字面上的理解，就是姿色、造型，隐约可以感觉到一份妖娆和美丽。用在饮食上，“姿造”的解释就是以独特的盛放和摆设方式来营造诱人的就餐氛围，着重于把味觉升华到视觉的观赏价值。质感上乘的盘、碟、盆，高超的刀花，生鲜的食品，使菜品更具美感，营造出视觉、嗅觉、味觉的更高享受。姿造，希望带给你的是，更生动的美食和更难忘的体验。

它是以独特的盛放和摆设方式来营造诱人的就餐氛围，并且以健康、美味、滋补、少盐、低盐的理念，甄选全球珍贵的新鲜海鲜。

它借鉴了日本“怀石料理”的精髓与中国古典文化、山水画艺术、中国盘景拼装技法，使其呈现出一种让人赏心悦目、啧啧称赞的新式料理。

▲冷菜烹调

海鲜姿造≠刺身拼盘

“姿造”是现代餐饮烹饪的新手法。

或许有的师傅会说：“这不就是海鲜刺身吗？”

其实，海鲜姿造与刺身的区别在于，它更追求立体感与造型的美感，主要是对海鲜刺身有更高追求的做法。

比起普通草率的刺身做法而言，姿造更加看重视觉方面的感受。无论从器皿，还是刀法，抑或是装饰，都极其讲究细节，所以也被称为“用眼睛品尝的美食”。

▲冷菜烹调

海鲜食材的选择

明明可以靠颜值取胜，却还要在食材上精益求精，这就是海鲜姿造的最大特色。

做海鲜姿造，对食材的鲜美度要求非常高，不是任何一个海鲜市场的食材都能做姿造的。

例如，姿造里常见的螯虾，要选用深海的“冷水虾”，因其生长周期慢，口感更鲜美。

再如南极深海螯虾，在距离水平面150～650米的深海区域活动，生长10年以上才会允许被捕捞，其外壳坚硬，肉质紧实，味道清甜。

而做海鲜姿造常用的食材主要有三文鱼、金枪鱼、北极贝、法国生蚝、甜虾、赤贝、牡丹虾、螯虾、红希鲮鱼、黄希鲮鱼、鲷鱼、扇贝、鲍鱼、海胆、章红鱼、八爪鱼、日本剑鱼、醋青鱼、海胆、九州油甘鱼等。

海鲜采用“船冻”技术锁住水分保鲜度

“船冻”指的是将鱼、虾捕捞上船后，直接清洗、去内脏，并运用专业设备将其冷冻在-25°C～-40°C的环境中。

与“岸冻”相比，“船冻”在最短的时间内锁住了食材的水分和营养，保持绝对新鲜。而只有“船冻”的食材才能作为刺身生食。

例如刚刚被捕获的蓝鳍金枪鱼，要倒吊放血，用钢针捣烂神经线后立即“船冻”，防止肉质氧化变黑。

再如阿根廷红虾，将其捕捞上船后，会立即按照“清洗筛选→超低温冷冻→包装→冷库保存”这套流程操作，以保证新鲜和卫生。

根据摆盘和时令食材而命名

刺身拼盘以漂亮的造型、色彩缤纷的点缀、新鲜的海鲜原材料、柔嫩鲜美的口感以及带有刺激性的调味品，强烈地吸引着人们的注意力。

制作姿造的刺身拼盘一般分为几种，一种是小型的刺身拼盘，中型的叫锦绣刺身拼盘，大型的叫豪华刺身拼盘，当然还有很多不同的叫法。

制作海鲜姿造的器皿有浅盘、深盘、冰盘、瓷器、陶器、竹编甚至铁瓷；形状也五花八门，有方形、圆形、船形、五角形等。

根据器皿的不同以及批切、摆放不同也可以有不同的命名，讲究一点的可以一菜一器，甚至按照季节和菜式的变化去选择器皿。

而装盘方法有平面拼摆、四角形拼摆、薄片拼摆和花色拼摆等。

▲咸呛蟹

▲ 刺身

制作海鲜姿造的3个小窍门

下面，再跟大家分享几个制作海鲜姿造的食材搭配和制作中的小窍门。

刺身里为什么要放萝卜丝？

刺身里的萝卜丝，一是为了装饰需要，二是为了调节味蕾，在食用不同的鱼类的时候，中间吃点萝卜丝，可以把刚刚吃过别的味道洗去，这样才可以品尝到下一道鱼的鲜美。

刺身为什么要放紫苏叶？

紫苏具有杀菌防腐的作用，并且香味独特，与刺身搭配相得益彰，并且能够有效预防食物中毒。

在所有食物中，最容易引起食物中毒的是生鲜食品，如肉类、鱼类和贝类、蛋类等。由于生鱼片不经过加热直接食用，细菌会污染生鱼片，而紫苏叶恰巧能抑制细菌的生长。

还有很重要的一点，就是紫苏叶能保持生鱼片的鲜美，因为暴露在空气中的时间每多一分钟，它的鲜味度就会下降一个档次。

为什么螯虾不去壳，而甜虾、牡丹虾等要去壳后再上桌呢？

第一，螯虾的肉质比较细嫩，如果厨师去壳，很容易破坏虾肉的完整，肉汁就会流失。

第二，螯虾外壳下方呈锯齿状，摆入冰盘后更漂亮，并且几种螯虾各具特色，例如南极深海螯虾的壳上有红圈，莫桑比克螯虾的外壳则通体呈亮丽的浅橘色……

相比之下，牡丹虾、甜虾的外观就比较普通了，让后厨师傅去掉外壳，客人会更方便食用。

▲ 帝王蟹

决定一道菜品价值高低的核心因素是什么？是食材、味道，还是装盘、盘饰？

其实，所谓“色香味俱全”，诱人的“香”和标准的“味”，只是菜品合格的基本条件，也是绝大多数厨师都能够达到的目标。

而决定菜品视觉形象的“色”，需要精致、写意的盘饰来呈现，这才是一道菜肴获得食客额外加分的关键，也是菜品必定出彩的关键。

一个精美的盘饰，不仅能快速提升菜品的价值，更能体现餐厅的品位。

无论何种样式的盘饰，都要从食客角度进行妥当的思考，再融入厨师心灵手巧的智慧。

盘饰，是摆盘的技巧之一，用于对餐盘食物的精美装饰。富有创意的盘饰，是厨师对用餐体验的艺术呈现，是提升菜品价值的有效方式。

主次结构分明

盘饰需根据菜品风格，运用不同的食材、调味品、装饰物进行点缀，考虑其与餐盘的形状、颜色相协调，食客进餐的视觉审美，取食是否方便的影响程度，通过技术手段打造新颖的感官体验。

最核心的是主次结构清晰分明，装饰只起到衬托主体菜肴的辅助作用，数量较少，分量精致，位置合理，不宜过度装饰而喧宾夺主，与菜品及餐盘和谐相融。

颜色搭配技巧

盘饰的颜色因以少而精为原则，根据菜肴的主色调进行搭配。不同色系的颜色不宜超过3种，可按对比色、互补色进行搭配。同一色系的近似色，建议运用2～3种。

有趣的技术手法

(1) 分子技术：可以利用分子料理的液氮技术，做出带有一定颜色和不规则形态的冰激凌。运用球化技术、胶囊技术，制作出圆球或鱼子酱效果。

(2) 食物原料：某些主料入菜后，可利用动物或植物剩余部分当成器皿，盛放菜肴，如贝壳、骨头、蟹斗、叶片、花瓣等。

(3) 粉末装饰：研磨原料，得到不同颜色的轻盈粉末，可以撒在餐盘或食物上。

(4) 奶油纹理：运用搅拌机打造润滑的奶油状纹理。

(5) 碎片状态：可将块状的冰、盐或糖，磨成独特的玻璃碎片或颗粒效果。

▲冷菜烹调

▲冷菜烹调

(6) 制造流动感：用酱汁、果汁、糖浆等液体进行装饰。

(7) 糖艺技术：用半透明的不规则形态或拉丝效果制作百变造型。

(8) 意面效果：利用意面的线条造型，可以将曲线或直线的面条与餐盘和菜肴搭配。

巧妙利用辅助工具

想打造出让人眼前一亮的盘饰效果，离不开实用的辅助工具，事先准备好几样先进的后厨科技产品，能让操作变得事半功倍。

(1) 虹吸瓶：也可以叫奶油枪、虹吸压缩器，它既可以处理冷的液体，也可以处理热的液体，载入二氧化氮，能使液体快速形成泡沫、慕斯。

(2) 烟熏枪：使食物在数分钟内达到烟熏效果，利用不同的锯末原料可产生不同香味。

(3) 万能磨冰机：又叫冰霜机，可将冷冻食材打制成细腻的冰沙，并轻松制出冰霜、冰激凌。

(4) 意面管：可以使用针筒类工具将含有胶化剂的液体凝固物形成意大利面的形状。

(5) 鱼子酱盒：由一个带有很多圆孔的鱼子酱盒及一个注射器组成，一次可制作近百颗人工鱼子。

出品塑造的构图方法

(1) 中央构图的特点在于可以让人的视线迅速集中在主体上，可以获得具有冲击力的画面。

(2) 放射式构图以主体为核心，景物呈向四周扩散放射的构图形式，可使人的注意力集中到主体，而后又有开阔、舒展、扩散的作用。

(3) 棋盘式构图指的是将重复元素随机排布在画面当中，画面具有不一般的韵律，而因为随机性，很容易引起观图者的好奇心。

(4) 曲线与直线的区别在于画面更为柔和、圆润。带有曲线元素的画面让人物造型变得更加丰富，避免了平淡和乏味。

(5) 对角线构图显得生动活泼，画面被对角线构图切割后呈现两部分的照片内容，是常用的构图手段，让画面更具有想象空间。

(6) 两分法构图将画面分成相等的两部分，容易营造出宽广的气势，这样的照片四平八稳，但画面冲击力方面略欠。

(7) 对称的东西具有稳定、和谐的特性，采用对称构图的照片比其他具有冲击力的照片更为耐看。

项目4
ITEM FOUR
菜品图鉴

Cold dish Appreciate

▲千叶培根

▲麻辣海鲜拼

▲冷菜烹调

▲冷菜烹调

▲冷菜烹调

▲ 蓝莓山药

▲冷菜烹调

▲ 冷菜烹调

▲ 樱桃鹅肝配葱油饼

▲ 班戟皮三文鱼牛油果沙拉

▲ 橙香鹅肝

▲ 一品私房脆肉

▲ 肴肉拼盘

▲ 鲜奶山药冻

▲ 冷菜烹调

▲ 醉蟹钳

▲冷菜烹调

▲ 沙拉时蔬

▲ 糖醋小排

▲ 水晶肴肉

▲ 手撕鸡

▲ 江南熟醉蟹

▲冰镇八头鲍

▲冷菜烹调

▲蓝莓山药糕

▲冷菜烹调

▲馋嘴鸭掌

▲桂花马蹄

▲吉祥三宝

▲冷菜烹调

▲脆鳝

▲果木枣卷

▲冷菜烹调

▲蒜泥茄子

▲冷菜烹调

▲ 水晶肴肉

▲ 蒜泥土鸡蛋

▲ 奶香紫薯

▲ 麻将海参

▲冷菜烹调

▲吮指蟹钳

▲冷菜烹调

▲冷菜烹调

▲ 盐焗手撕鸡

▲冷菜烹调

▲冷菜烹调

▲冷菜烹调

▲冷菜烹调

▲冷菜烹调

▲冷菜烹调

▲冷菜烹调

▲冷菜烹调

▲ 白切爽猪肚